U0385864

陪伴成长：
写给新手爸妈的
育儿经

肖春香 ◎主编

黑龙江科学技术出版社

HEILONGJIANG SCIENCE AND TECHNOLOGY PRESS

图书在版编目（ＣＩＰ）数据

陪伴成长：写给新手爸妈的育儿经 / 肖春香主编
. -- 哈尔滨：黑龙江科学技术出版社，2018.4
（科学育儿）
ISBN 978-7-5388-9535-3

Ⅰ．①陪… Ⅱ．①肖… Ⅲ．①婴幼儿－哺育②婴幼儿
－早期教育－家庭教育 Ⅳ．①TS976.31②G781

中国版本图书馆CIP数据核字(2018)第022076号

陪 伴 成 长 ： 写 给 新 手 爸 妈 的 育 儿 经

PEIBAN CHENGZHANG：XIE GEI XINSHOU BAMA DE YU'ER JING

主　　编	肖春香
责任编辑	宋秋颖
摄影摄像	深圳市金版文化发展股份有限公司
策划编辑	深圳市金版文化发展股份有限公司
封面设计	深圳市金版文化发展股份有限公司
出　　版	黑龙江科学技术出版社
	地址：哈尔滨市南岗区公安街70-2号　邮编：150007
	电话：（0451）53642106　传真：（0451）53642143
	网址：www.lkcbs.cn
发　　行	全国新华书店
印　　刷	深圳市雅佳图印刷有限公司
开　　本	685 mm×920 mm　1/16
印　　张	13
字　　数	180千字
版　　次	2018年4月第1版
印　　次	2018年4月第1次印刷
书　　号	ISBN 978-7-5388-9535-3
定　　价	39.80元

前言
Preface

　　从新生命的诞生到逐步成长、从懵懂无知的婴儿到活泼聪慧的儿童，这是一个复杂而又漫长的过程。宝宝呱呱坠地后，年轻的爸爸妈妈刚刚体验到为人父母的幸福和甜蜜，就得立即投身到养育宝宝这项复杂而伟大的"工程"中来了。

　　但很快就会发现，缺乏经验与专业知识的爸爸妈妈们，在养育宝宝的过程中总是会被许多现实问题所困扰。如何帮宝宝洗澡？母乳喂养的宝宝还需要喂水吗？什么时候该给宝宝添加辅食？湿疹宝宝该怎么护理？……纷繁复杂的育儿问题，让初为父母的爸爸妈妈们陷入深深的迷惑之中。

　　《陪伴成长：写给新手爸妈的育儿经》涵盖宝宝喂养篇、日常护理篇、疾病防治篇和早教篇四个部分，依据宝宝的生长发育不同阶段做出相适应的建议指导。书中内容通俗易懂、条理清晰，具有时间针对性、实用操作性、自我诊断性、查阅便利性等诸多优点。本书还专为宝宝推荐营养菜例，扫一扫二维码，爸爸妈妈就可以跟着视频学做菜，让宝宝餐单变得丰富起来。

　　能为新手爸妈在育儿道路上提供切实可行的帮助，让宝宝健康、快乐地成长，是我们的欣慰。

陪伴成长：写给新手爸妈的育儿经.

目 录
Contents

Part 1
同步喂养篇
注重营养，让宝宝茁壮成长不掉队

Part 2

日常护理篇

关注每一个细节，悉心呵护宝宝成长

Part 3

疾病防治篇

掌握护理常识，为宝宝撑起一片蓝天

Part 4.

聪明早教篇

陪宝宝玩出智慧，成就出色未来

科学喂养，做宝宝的首席营养师。

同步喂养篇

注重营养，
让宝宝茁壮成长不掉队

在成长过程中，宝宝应该吃什么、怎么吃，怎样才能吃得开心、吃得健康、吃得聪明，都是爸爸妈妈关心的内容。让我们紧跟宝宝成长的脚步，实行同步喂养，给予宝宝充足的营养。

新生儿喂养方案

新生儿的成长速度非常快，这就需要妈妈为他提供全面丰富且高质量的营养。一般来说，母乳可以满足新生宝宝的营养需求，如果母乳不能满足宝宝的需求，就要为宝宝添加配方奶粉。

每日营养需求

能量	蛋白质	脂肪	烟酸	叶酸	维生素 A
397 千焦 / 千克体重（非母乳喂养加 20%）	1.5~3.0 克 / 千克体重	总能量的 40%~50%	2 毫克	25 微克	375 微克
维生素 B_1	维生素 B_2	维生素 B_6	维生素 B_{12}	维生素 C	维生素 D
0.1 毫克	0.4 毫克	0.5 毫克	0.3 微克	20~35 毫克	10 微克
维生素 E	钙	铁	锌	镁	磷
3 毫克	400 毫克	0.3 毫克	3 毫克	40 毫克	150 毫克

科学喂养方案

吃，是新生儿生活中的头等大事。如何让宝宝吃饱，怎样科学地喂养宝宝，成了新手妈妈们的重要课题。面对嗷嗷待哺的孩子，新手妈妈们需要学习、掌握基本的喂养知识。

优先选择母乳喂养

对于新生儿来说，母乳是最佳食物。母乳能满足新生儿全部的营养需求，而这种营养是其他任何营养物质都无法取代的。而且，母亲哺乳时的环抱形成了类似子宫里的环境，让宝宝有一种安全感，有利于增进母子感情和促进宝宝身心发育。国际母乳协会建议，如果条件允许，至少要保证纯母乳喂养 6 个月。

人工喂养是不得已的选择

当新妈妈的身体状况较差、奶水不足，或是有乳房不适，此时，就要用其他代乳品了，如婴儿配方奶粉，进行混合喂养，来补充新生儿的营养需求。选择配方奶粉的时候，一定要看质量，选择国家正规厂家生产、销售的，适合新生儿阶段的配方奶粉。

正确把握喂奶次数和喂奶量

如果是母乳喂养的新生儿，一般 24 小时内可喂奶 8~12 次，每次喂奶的时间在 10 分钟左右。如果是配方奶粉喂养的新生儿，在宝宝消化功能正常的情况下，每次奶量 80~120 毫升，每隔 3~4 小时喂 1 次，1 天喂 6~7 次。不过，不同孩子的量会有差异，所以，一般是孩子想吃多少就喂多少。一段时间后，妈妈就会逐渐掌握喂养的量和节奏。

宝宝也要适当喂水

一般来说，如果是纯母乳喂养的新生儿是不需要额外补充水分的，因为母乳中含有的水分就能满足新生儿所需。但如果是配方奶粉喂养的新生儿，最好在两次喂哺之间适当喂些温热的白开水。

判断宝宝是否吃饱

关于人工喂养的宝宝每天吃多少奶，妈妈在喂养一段时间后就能准确地掌握。但母乳喂养的宝宝就比较难掌握了。一般来说，判断宝宝是否吃饱可以从三个方面来看。一是看宝宝的吞咽状况：如果宝宝每吸吮两三口吞咽 1 次，吞咽时间超过 10 分钟，一般是吃饱了。二是看宝宝的精神状态：宝宝吃饱后会有一种满足感，一般会自动吐出乳头，并安静入睡 2~4 小时；如果宝宝哭闹不安，或每睡 1~2 小时就醒来，常表示没有吃饱，应适当增加奶量。三是看宝宝的生理状态：纯母乳宝宝一般每天大便三四次，小便 6 次以上；如果大小便次数减少，说明宝宝没吃饱。

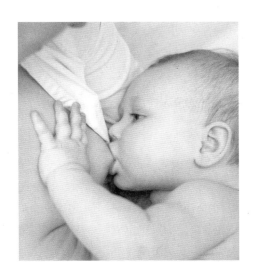

正确的喂奶姿势

喂奶时新妈妈应采取坐着或躺着的姿势，能使肌肉松弛，有利于乳汁排出，宝宝在妈妈怀里的姿势也要正确才能更好地吸吮乳头，一般哺乳时可采取以下几种姿势。

摇篮式

让宝宝侧卧在妈妈臂下大约平腰部，头部靠在妈妈左手的肘窝内。妈妈左手手指搂住宝宝的腰部和臀部或者大腿上部，右手手指以拇指和其余四指张开呈"八字形"扶托左侧乳房。如果是哺乳右侧乳房，需要将左右手动作对换。

橄榄球式

像在腋下夹持一个橄榄球那样用右上臂夹住宝宝双腿，让宝宝上身呈半坐卧位姿势正对妈妈胸前，可用枕头适当垫高宝宝头部，以便能够到乳头。右手掌托于宝宝头枕部，左手手指以拇指和其余四指张开呈"八字形"贴于右侧乳头。如果是哺乳左侧乳房，需要将左右手动作对换。

交叉式

妈妈用左手掌握住宝宝的头枕部，宝宝面朝乳房，小嘴正对乳头，左手手腕放在宝宝两肩胛之间，拇指和其余四指张开分别贴放在头部两侧的耳后，将右手拇指和其余四指分别张开呈"八字形"贴于右乳房外侧，食指则放在乳头、乳晕内下方宝宝下巴接近乳房皮肤的区域。如果是哺乳左侧乳房，需要将左右手动作对换。

侧卧式

妈妈身体侧卧，用枕头垫在头下。让宝宝侧身与母亲正面相对，母婴腹部相贴，妈妈用一只手扶住宝宝的腰部和臀部，或用一个小枕头垫在婴儿后背部，让宝宝小嘴与妈妈乳头处在同一平面。

1~3 个月宝宝喂养方案

1~3 个月的宝宝进入快速增长期，对于各种营养的需求也在增加，不管妈妈采取何种喂养方式，都应该保证能为宝宝的生长发育提供足够的营养。

每日营养需求

能量	蛋白质	脂肪	烟酸	叶酸	维生素 A
397 千焦 / 千克体重（非母乳喂养加 20%）	1.5~3.0克 / 千克体重	总能量的40%~50%	2 毫克	65 微克	400 微克
维生素 B_1	维生素 B_2	维生素 B_6	维生素 B_{12}	维生素 C	维生素 D
0.1 毫克	0.4 毫克	0.1 毫克	0.3 微克	20~35 毫克	10 微克
维生素 E	钙	铁	锌	镁	磷
3 毫克	400 毫克	0.3 毫克	3 毫克	30 毫克	150 毫克

科学喂养方案

此阶段妈妈应该要慢慢寻找宝宝吃奶的规律，对宝宝的吃奶量也应该有大致的了解。

母乳喂养

这个月妈妈的精力和体力都得到了恢复，乳汁分泌也有所增加，宝宝的吸吮能力也加强了。混合喂养不好掌握，在 1~3 个月时，应该坚持全母乳喂养。母乳喂养，2 个月大时宜每 3 小时喂一次奶，一天喂 7 次；3 个月大时宜每 3.5 小时喂一次奶，一天喂 6 次。

人工喂养

当无法采用母乳喂养时，可以选择配方奶粉。2 个月大的宝宝每次可喂 150~180毫升，3 个月大的宝宝每次可喂 180~200 毫升，每天喂养的次数跟母乳喂养一样。

配方奶粉喂养

在妈妈或宝宝有不宜母乳喂养的疾病的情况下，可采用配方奶粉喂养。配方奶粉是以乳牛或其他动物乳汁、动植物提炼成分为基本组成，根据宝宝不同时期的营养需求，在普通奶粉的基础上加以调配的奶制品，其成分较其他奶粉更接近母乳。

奶粉的选择要点

▶ 品牌的信誉度要高，宜选用历史悠久的品牌，奶源的生产和管理过程要安全可靠。还需关注企业的专业背景，一般规模大、技术力量强的企业生产工艺比较有保障。

▶ 看清配方奶粉外包装上的原料和营养成分，营养搭配要合理，营养成分要接近母乳。

▶ 配方奶粉应有特有的奶香味，呈色泽均匀的干燥粉末状，不应该有受潮结块的现象。

▶ 配方奶粉的包装要完整，应标有商标、生产厂家、生产日期、批号、保质期、适合哪个年龄段的宝宝等信息。

冲奶粉的方法

为宝宝冲奶粉，看似是很简单的事，实际上藏着大学问。不少新手爸妈，贪方便、图省事，会想出一些怪招出来，其实这对宝宝的健康是很不好的。下面我们一起来学习冲奶粉的正确方法：

- Step1　在冲奶粉之前，应该准备好开水。把温度降低到50℃左右（滴在手背上时会感觉到温热），然后按照奶瓶上面的刻度倒入一定量的开水。

- Step2　冲奶粉时，必须使用规定的勺子。用奶粉勺正确地控制奶粉量。

- Step3　安装奶嘴后盖上奶瓶盖，并上下充分地摇晃。

温馨提示

调好的奶很容易发霉，因此不能在常温下保存。如果宝宝某一餐剩余的奶较多，应该将剩下的奶放在冰箱内保存，下一餐可以用开水加热后食用。

喂奶粉的注意事项

在给宝宝喂奶粉的过程中，会有这样那样的问题。爸爸妈妈一定要留意喂奶粉的注意事项，不要让自己对宝宝的关爱变成对宝宝的伤害。

看着婴儿喂奶。 目前，世界上正广泛地进行关于婴儿出生瞬间和出生几小时内状态的研究。刚出生时，如果不隔离妈妈和婴儿，妈妈和婴儿之间会产生交流。婴儿会睁大眼睛看着妈妈，妈妈也会抱着婴儿亲切地看着婴儿。这种眼神的交流对于婴儿的成长非常重要。在喂奶粉的过程中，婴儿也会凝视妈妈的脸。此时婴儿还不能熟练地聚焦，但却能看到近处的妈妈。妈妈拿起奶瓶向前稍微弯曲身体，然后默默地看着婴儿，妈妈和婴儿之间会形成无言的对话，因此能营造出跟喂母乳相同的气氛。

关注婴儿。 在喂奶粉的过程中，大部分婴儿希望妈妈能全神贯注地看着自己。如果妈妈只关注电视节目，婴儿就会拒绝吃奶。这样，妈妈也会逐渐明白只有关注婴儿，宝宝才会开心的道理。此外，有些妈妈在过于疲劳时，会用床沿支撑奶瓶，但是这种方法容易挤压婴儿的鼻子，因此会导致窒息的发生。不仅如此，还会失去和婴儿交流的宝贵机会。

不要让婴儿通过奶瓶吸入大量的空气。 大部分妈妈会使用大口径玻璃奶瓶或塑料奶瓶给婴儿喂奶。这时，给宝宝喂奶时，应该检查奶瓶口是否充满空气。如果奶瓶口充满空气，婴儿就会通过奶瓶吸入大量的空气，因此容易导致腹痛症状。

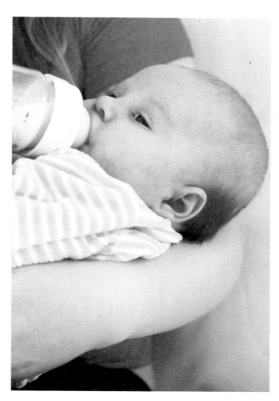

4~6个月宝宝喂养方案

4~6个月的宝宝，饮食仍以母乳为主，并开始逐渐添加辅食，添加辅食可补充宝宝的营养所需，同时还能锻炼宝宝的咀嚼、吞咽和消化能力，促进宝宝的牙齿发育，另外也为今后的断奶做准备。

每日营养需求

能量	蛋白质	脂肪	烟酸	叶酸	维生素A
397千焦/千克体重（非母乳喂养加20%）	1.5~3.0克/千克体重	总能量的40%~50%	2毫克	65微克	400微克
维生素B$_1$	维生素B$_2$	维生素B$_6$	维生素B$_{12}$	维生素C	维生素D
0.2毫克	0.4毫克	0.1毫克	0.4微克	40毫克	10微克
维生素E	钙	铁	锌	镁	磷
3毫克	400毫克	0.3毫克	3毫克	40毫克	150毫克

科学喂养方案

此阶段的宝宝，若为纯母乳喂养，6个月内可以不添加辅食；若为混合喂养或配方奶粉喂养，则需根据宝宝给出的信号在4~6个月添加辅食。

以母乳或配方奶为主

无论是否开始给宝宝添加辅食，本阶段的宝宝都应以母乳和配方奶喂养为主，这才是他主要的营养来源，辅食添加只是一个小小的尝试，妈妈切不可让辅食喧宾夺主。

尝试添加辅食

如果宝宝在这一阶段表现出了一系列可以吃辅食的信号，妈妈就可以为他准备一点儿辅食了，可以从米糊、蔬菜水等开始，让宝宝尝尝除了奶之外的其他食物的味道。

辅食添加的时机

一般从 4~6 个月开始就可以给宝宝添加辅食了，但每个宝宝的生长发育情况不一样，存在着个体差异，因此添加辅食的时间也不能一概而论。父母可以通过以下几点来判断是否开始给孩子添加辅食了。

体重。婴儿体重需要达到出生时的 2 倍，至少达到 6 千克。

发育。宝宝能控制头部和上半身，能够扶着或靠着坐，胸能挺起来，头能竖起来。

吃不饱。宝宝经常半夜哭闹，或者睡眠时间越来越短，每天喂养次数增加，但宝宝仍处于饥饿状态，一会儿就哭，一会儿就想吃。

行为。如别人在宝宝旁边吃饭时，宝宝会感兴趣，可能还会来抓勺子，抢筷子。如果宝宝将手或玩具往嘴里塞，说明宝宝对吃饭产生了兴趣。

吃东西。如果当父母舀起食物放到宝宝嘴边时，宝宝会尝试着舔进嘴里并咽下，而且显得很高兴，说明宝宝对吃东西有兴趣，这时就可以放心给宝宝喂食了。如果宝宝将食物吐出，把头转开或推开父母的手，说明宝宝不想吃。

添加辅食的原则与方法

从 4~6 个月开始，宝宝因大量营养需求而必须添加辅食，但此时宝宝的消化系统尚未发育完全，如果辅食添加不当容易造成消化系统紊乱，因此在辅食添加方面需要掌握一定的原则和方法。

由于宝宝在此阶段的摄食量差别较大，因此要根据宝宝的自身特点掌握喂食量，辅食添加也应如此。添加辅食要循序渐进，由少到多，由稀到稠，由软到硬，由一种到多种。开始时可先加泥糊样食物，每次只能添加一种食物，还要观察3~7天，待宝宝习惯后再加另一种食物，如果宝宝拒绝就不要勉强，过几天后可再试一次。每次添加新的食物时，要观察宝宝的大便性质有无异常变化，如有异常要暂缓添加。每次给宝宝添加新的食物时，一天只能喂一次，而且量不要大。

营养食谱推荐

苹果米糊

 原料

苹果 85 克，红薯 90 克，　米
粉 65 克

做法

1　将去皮洗净的红薯切成片，改切成丁。

2　将洗净的苹果切小瓣，去除果核、表皮，切成片，改切成小丁。

3　蒸锅上火烧开，放入装苹果、红薯的蒸盘；盖上锅盖，用中火蒸
　约 15 分钟至食材熟软。

4　揭下盖子，再取出蒸好的红薯，放凉，放在案板上，用刀压扁，
　制成红薯泥。

5　将蒸好的苹果放在案板上，压成苹果泥。

6　往汤锅中注入适量清水烧开，倒入苹果泥，搅拌匀；再倒入红薯
　泥，轻轻搅拌几下；最后倒入米粉，拌煮至食材混合均匀，呈米
　糊状。

7　关火后盛出煮好的米糊，放在小碗中即成。

小叮咛

蒸好的食材凉至手温即可制成泥，不
可趁热，以免烫伤手。

扫一扫二维码
视频同步学美味

扫一扫二维码
视频同步学美味

胡萝卜米糊

原料

去皮胡萝卜、绿豆各
150克，水发大米300
克，去心莲子10克

小叮咛

胡萝卜是一种很受欢迎的
辅食材料，能增强宝宝的
免疫力。

做法

1　洗净的胡萝卜切成小块。

2　取豆浆机，倒入莲子、胡萝卜、
　大米、绿豆，注入适量清水，至
　水位线即可。

3　盖上豆浆机机头，启动豆浆机，
　开始运转。

4　待豆浆机运转约20分钟，即成
　米糊。

5　将豆浆机断电，取下机头。

6　将煮好的米糊倒入碗中，待凉后即可
　食用。

藕粉糊

 原料

藕粉 120 克

做法

1　将藕粉倒入碗中，倒入少许清水。
2　搅拌匀，调成藕粉汁，待用。
3　往砂锅中注入适量清水烧开。
4　倒入调好的藕粉汁，边倒边搅拌，
　　至其呈糊状。
5　用中火略煮片刻。
6　关火后盛出煮好的藕粉糊即可。

小叮咛

藕粉不能直接倒入热水锅中，否则容易
结成块，不仅不易熟，还会影响口感。

扫一扫二维码
视频同步学美味

扫一扫二维码
视频同步学美味

香蕉糊

原料

香蕉1根，牛奶适量

小叮咛

香蕉的营养价值颇高，打成糊来食用更易于被宝宝吸收。

做法

1　将香蕉剥去皮，用小勺将香蕉捣碎，研成泥状。

2　把捣好的香蕉泥放进小锅里，加入适量牛奶，调匀，用小火煮2分钟左右，边煮边搅拌。

3　出锅装碗即可。

黄瓜米汤

 原料

水发大米120克，黄瓜90克

做法

1 洗净的黄瓜切成片，再切丝，改切成碎末，备用。

2 砂锅中注水烧开，倒入洗好的大米，拌匀，盖上锅盖，烧开后用小火煮至其熟软。

3 揭开锅盖，倒入黄瓜，拌匀，用小火续煮5分钟。

4 将米汤盛出，装入碗中即可。

小叮咛

黄瓜已经切得很细，不宜煮太久，以免破坏其营养。

扫一扫二维码
视频同步学美味

粳米糊

原料

粳米粉 85 克

做法

1 把粳米粉装在碗中，倒入清水，边倒边搅拌，制成米糊，待用。

2 往奶锅中注入适量水烧热，倒入调好的米糊，搅拌均匀。

3 用中小火煮一会儿，使食材呈浓稠的黏糊状。

4 关火后盛入备好的碗中，稍微冷却后即可食用。

小叮咛

米糊富含淀粉，且易溃化，适合婴幼儿在开始添加辅食时食用。

扫一扫二维码
视频同步学美味

扫一扫二维码
视频同步学美味

南瓜泥

原料

南瓜 200 克

做法

1. 将洗净去皮的南瓜切成片。
2. 取出蒸碗，放入南瓜片，备用。
3. 蒸锅上火烧开，放入蒸碗，盖上盖，烧开后用中火蒸 15 分钟至熟。
4. 揭盖，取出蒸碗，放凉待用。
5. 取一个大碗，倒入蒸好的南瓜，压成泥。
6. 另取一个小碗，盛入做好的南瓜泥即可。

小叮咛

南瓜营养丰富且易消化吸收，能为宝宝的身体发育提供能量。

西红柿汁

原料

西红柿 130 克

小叮咛

烫西红柿的时间不宜太久，以免果汁的口感变差。

做法

1 往锅中注入适量清水烧开，放入洗净的西红柿。

2 关火后烫一会儿，至表皮皱裂，捞出西红柿，浸在凉开水中。

3 待凉后剥去西红柿表皮，再把果肉切小块。

4 取备好的榨汁机，倒入切好的西红柿，注入适量纯净水，盖好盖子。

5 选择"榨汁"功能，榨出西红柿汁。

6 断电后倒出西红柿汁，装入杯中即可饮用。

扫一扫二维码
视频同步学美味

扫一扫二维码
视频同步学美味

清淡米汤

原料

水发大米 90 克

做法

1 往砂锅中注入适量清水，大火烧开。

2 倒入洗净的大米，搅拌均匀。

3 盖上盖，大火烧开后用小火煮 20 分钟，至米粒熟软，米汤浓稠。

4 揭盖，搅拌均匀。

5 将煮好的米汤滤入碗中。

6 待米汤稍微冷却后即可饮用。

小叮咛

大米中的钙和铁的含量丰富，能促进骨骼和牙齿发育，预防缺铁性贫血。

7~9 个月宝宝喂养方案

7~9 个月宝宝的营养需求更多，全母乳喂养已经无法满足宝宝了，这个阶段应该为宝宝挑选一些适合的辅食，不仅满足宝宝的成长需求，还要开始迎合宝宝口腔功能的发育。

每日营养需求

能量	蛋白质	脂肪	烟酸	叶酸	维生素 A
397 千焦 / 千克体重（非母乳喂养加 20%）	1.5~3.0 克 / 千克体重	总能量的 35%~40%	3 毫克	80 微克	400 微克
维生素 B_1	维生素 B_2	维生素 B_6	维生素 B_{12}	维生素 C	维生素 D
0.3 毫克	0.5 毫克	0.3 毫克	0.5 微克	50 毫克	10 微克
维生素 E	钙	铁	锌	镁	磷
3 毫克	400 毫克	10 毫克	5 毫克	65 毫克	300 毫克

科学喂养方案

7~9 个月的宝宝，随着牙齿的萌出，开始原始地咀嚼了，可尝试更多种类的辅食，在喂养过程中，根据宝宝的发育特点添加辅食，可让宝宝吃得更香、长得更棒。

以母乳或配方奶粉喂养为主

本阶段宝宝的喂养需要添加一些辅食，但母乳或配方奶粉仍是主食。母乳或配方奶粉喂养每天至少 3~4 次，总量在 600 毫升左右。辅食每天应有规律地喂 3 次，每次 80~120 克。

辅食添加

为适应宝宝的咀嚼能力，辅食应从稀到稠，由细到粗；开始量要少，宝宝适应后逐渐增加量；宝宝开始有可能会不喜欢辅食，所以先试着添加一种，以后再慢慢增加到多种辅食。

宝宝出牙期的营养保健

一般来说，宝宝在 6 个月以前没有牙齿，吃奶时靠牙床含住母亲的乳头。到 6 个月左右，婴儿开始出牙，这是婴儿生长发育过程中的一个重要阶段。

乳牙生长顺序

最早开始长的是下排的 2 颗小门牙，再来是上排的 4 颗牙齿，接着是下排的 2 颗侧门牙。到了 2 岁左右，乳牙便会全部长满，上下各 10 颗，总共 20 颗牙齿，就此结束乳牙的生长期。

出牙顺序：下门牙→上门牙→上门牙两侧的 2 颗小牙→下门牙两侧的 2 颗小牙→4 颗小臼齿→4 颗大臼齿→另外 4 颗小臼齿。

出牙与辅食添加

宝宝出牙与添加辅食的时间几乎一致，在此期间易出现腹泻等消化道症状，这可能是出牙的反应，也可能是抗拒某种辅食的表现，可以先暂停添加，观察一段时间就可知道原因。

家长应给宝宝多吃些蔬菜、果条，这样不但有利于改掉其吮手指或吮奶嘴的不良习惯，而且还会使牙龈和牙齿得到良好的刺激，减少出牙带来的痛痒，对牙齿的萌出和牙齿功能的发挥都有好处。另外，进食一些点心或饼干可以锻炼宝宝的咀嚼能力，促进牙齿萌出和坚固，但同时也容易在口腔中残留渣滓，成为龋齿的诱因，因此在食后最好给宝宝些凉开水饮服代替漱口。

营养食谱推荐

橘汁米糊

 原料

米碎85克，橘子肉55克

做法

1 将橘子肉切开，再切成小丁，备用。
2 往锅中注入适量清水烧开，倒入备好的米碎。
3 倒入切好的橘子，搅拌均匀。
4 盖上锅盖，用中火煮约30分钟至食材熟软。
5 揭开锅盖，持续搅拌片刻。
6 将煮好的米糊盛出，装入碗中即可。

小叮咛

橘子富含维生素B₁、维生素B₂、维生素C，具有增强免疫力、开胃消食等功效。

扫一扫二维码
视频同步学美味

扫一扫二维码
视频同步学美味

南瓜碎米糊

原料

南瓜 200 克，大米 65 克

调料

盐少许

小叮咛

南瓜含有的成分能保护胃肠道黏膜，还可帮助食物消化，给宝宝吃再合适不过了。

做法

1. 将去皮洗净的南瓜切片，再改切成小块。

2. 取榨汁机，向杯中加入适量清水，盖上盖子，将南瓜榨成汁，倒入碗中，备用。

3. 选择干磨刀座组合，将大米放入杯中，拧紧杯子与刀座，套在榨汁机上，拧紧，选择"干磨"功能，将大米磨成米碎，放入碗中，备用。奶锅置火上，倒入南瓜汁，搅拌一会儿。

4. 用大火煮沸；再倒入磨好的米碎，用勺子搅拌约 2 分钟，煮成稠糊，放入少许盐，继续搅拌，使其入味。

5. 把米糊盛出，装入碗中即可。

蛋黄泥

原料

鸡蛋 2 个，配方奶粉 15 克

做法

1 往砂锅中注水，用大火烧热，放入鸡蛋。

2 盖上锅盖，用大火煮 5 分钟，至鸡蛋熟透。

3 揭开锅盖，捞出鸡蛋，放入凉水中，待用。

4 将放凉的鸡蛋去壳，剥去蛋白，留取蛋黄，装入碗中，压成泥状。

5 将适量温开水倒入奶粉中，搅拌至完全溶化，倒入蛋黄中。

6 搅拌均匀，装入碗中即可。

小叮咛

鸡蛋不宜煮太长时间，以免降低其营养价值。

扫一扫二维码
视频同步学美味

土豆西蓝花泥

原料

土豆 135 克，西蓝花 75 克，奶酪 45 克

小叮咛

西蓝花的菜梗很硬，所以焯时要选用中火，时间也要适当延长一些。

做法

1. 往锅中注入适量清水烧开，倒入洗净的西蓝花，焯约 1 分钟至熟，捞出，放凉后再剁成碎末。

2. 将去皮洗净的土豆切片，再切成条，改切成小段。

3. 将切好的食材分别装在容器中，待用。

4. 蒸锅上火，放入切好的土豆，盖上锅盖，用中火蒸约 15 分钟至土豆熟透。

5. 取榨汁机，选用搅拌刀座及其配套组合，放入西蓝花末，倒入蒸好的土豆，再倒入备好的奶酪。

6. 盖上盖子，搅约 1 分钟至全部食材成泥即可。

原味虾泥

原料

虾仁60克

调料

盐少许

做法

1 用牙签挑去虾仁的虾线，把虾仁拍烂，剁成虾泥，装入碗中，放入少许盐。

2 加入少许清水，拌匀。

3 将虾泥转入蒸碗中。

4 把虾泥放入烧开的蒸锅内，盖上盖，用大火蒸5分钟。

5 把蒸熟的虾泥取出即可。

小叮咛

拌制虾泥时，可以加入少许柠檬汁，使虾肉更鲜嫩，成品味道会更好。

扫一扫二维码
视频同步学美味

西蓝花胡萝卜稀粥

原料

白米饭 2 大匙，鸡胸肉 20 克，西蓝花、胡萝卜各 10 克，昆布高汤适量

小叮咛

西蓝花、胡萝卜富含胡萝卜素、磷等营养成分，可保护宝宝的视力。

做法

1 将鸡胸肉洗净，放入沸水锅中，烫一会儿，捞出，沥干水分，待稍稍冷却后剁碎。

2 将西蓝花洗净，放入沸水锅中，焯一会儿，捞出，沥干水分，待稍稍冷却后剁碎。

3 将胡萝卜去皮，剁碎。

4 白米饭加入清水、昆布高汤熬煮成粥后，放入西蓝花、胡萝卜和鸡胸肉，待食材煮至软烂即可。

土豆胡萝卜肉末羹

扫一扫二维码
视频同步学美味

原料

土豆 110 克，胡萝卜
85 克，肉末 50 克

小叮咛

土豆与胡萝卜膳食纤维含
量高，加上肉末，特别美
味，适合做宝宝的辅食。

做法

1　将去皮的土豆切成片，洗好的胡
　　萝卜切成片。

2　将切好的胡萝卜和土豆分别装
　　盘，放入烧开的蒸锅中。

3　盖上盖，用中火蒸 15 分钟至熟。

4　揭盖，把蒸好的胡萝卜、土豆取出。

5　取榨汁机，选搅拌刀座组合，把

土豆、胡萝卜倒入杯中，加入适量
清水，盖上盖，选择"搅拌"功能，
榨取土豆胡萝卜汁，倒入碗中。

6　往砂锅中注入适量清水烧开，放入肉
　　末，再倒入榨好的蔬菜汁，拌匀煮沸，
　　用勺子持续搅拌，煮至食材熟透，盛
　　出，装碗即可。

扫一扫二维码
视频同步学美味

核桃蔬菜粥

原料

胡萝卜、水发大米各120克，豌豆65克，核桃粉15克，白芝麻少许

调料

芝麻油少许

小叮咛

白芝麻可以先干炒一下，煮出的核桃蔬菜粥味道会更香。

做法

1. 将胡萝卜切开，再切段，倒入烧开的锅中；倒入豌豆，中火煮约3分钟，捞出，沥干水分，放凉。

2. 将胡萝卜切碎，剁成末；豌豆切碎，剁成末。

3. 往砂锅中注水烧开，倒入洗净的大米，搅拌片刻，加盖，烧开后用小火煮约20分钟至大米熟软。

4. 揭盖，倒入豌豆、胡萝卜，撒上白芝麻，搅匀。

5. 加盖，用中火续煮15分钟至食材熟透；揭盖，倒入核桃粉，搅匀；淋入少许芝麻油，搅匀，关火后盛出煮好的粥即可。

水果蔬菜布丁

扫一扫二维码
视频同步学美味

原料

香蕉1根，苹果80克，
土豆90克，鸡蛋1个，
配方奶粉10克

小叮咛

剁碎的苹果粒，可先放入
清水中浸泡，待用时再取
出，以防止苹果氧化变黑。

做法

1　将土豆切厚块，改切成片；苹果
切瓣，去核，剁碎备用；香蕉用
刀压烂，剁成泥，装碗。

2　鸡蛋打入碗中，取出蛋黄；奶粉
中加入少许清水，调匀备用。

3　将蒸锅置旺火上烧开，放入切好
的土豆，加盖，用中火蒸5分钟

至土豆熟软。

4　揭盖，取出土豆，用刀把土豆压烂，
剁成泥，装入碗中。

5　依次加入香蕉泥、配方奶粉、蛋黄、
苹果粒，搅匀，倒入另一个碗中。

6　放入烧开的蒸锅中，加盖，用中火蒸
7分钟取出即可。

10~12个月宝宝喂养方案

这个阶段的宝宝，在饮食生活方面，随着宝宝的成长，其身体对营养的需求明显增多，宝宝已基本结束了以喝母乳或配方奶粉为主的饮食生活，逐渐要将断奶提上日程。

每日营养需求

能量	蛋白质	脂肪	烟酸	叶酸	维生素A
397千焦/千克体重（非母乳喂养加20%）	1.5~3.0克/千克体重	总能量的35%~40%	3毫克	80微克	400微克
维生素B$_1$	维生素B$_2$	维生素B$_6$	维生素B$_{12}$	维生素C	维生素D
0.4毫克	0.5毫克	0.6毫克	0.5微克	50毫克	10微克
维生素E	钙	铁	锌	镁	磷
3毫克	500毫克	10毫克	8毫克	70毫克	300毫克

科学喂养方案

此阶段宝宝的小牙越长越多，已经能够咀嚼较硬的食物了。宝宝的生长速度较之前虽有所下降，但宝宝的胃口也在开始逐渐增大，能量供给依然不能忽视。

母乳或配方奶仍要提供

母乳和配方奶可为宝宝提供大量能量和大脑发育必需的脂肪，尽管宝宝可以吃多种辅食了，但母乳或配方奶喂养仍要进行一段时间。母乳或配方奶每天可喂3~4次，每次210~240毫升，共600~700毫升。

辅食添加

此时期的宝宝咀嚼功能和肠胃消化功能有了很大提高，辅食应该开始由半固体向固体食物转变，但咀嚼吞咽能力有限，辅食不可过硬，吃的食物要清淡易消化。宝宝此时会对一些大人的食物感兴趣。每天可喂辅食3次，每次喂120~150克。

科学断奶的小诀窍

为了让宝宝更加快速地成长，我们有时候需要给宝宝断奶。这是一个比较艰苦的过程，因为有的宝宝对于母乳的依赖性太强，所以会产生哭闹的现象。断奶的时候方法很重要，找对方法断奶就轻松了。

自然而然发生

断奶并不是一件可怕的事情，因为断奶是一个正常的过程。宝宝通过断奶可以更加快速地成长，接触到更多的食物，摄取的营养更加全面。所以把断奶当作一件自然而然的事，然后循序渐进地进行。

减少宝宝对妈妈的依赖

宝宝吃母乳的过程，除了是为了进食，另外一个很重要的原因就是，在吃母乳的时候宝宝会有一种安全感和亲切感，这种感觉让宝宝觉得很好，继而就会产生依赖。要改变宝宝这个习惯就要爸爸多陪宝宝，这有利于断奶的进行。

增加宝宝喝配方奶的次数

增加宝宝喝配方奶的次数，一方面可以减少宝宝想要喝母乳的冲动，另一方面又可以保障宝宝营养的摄入。为了保证宝宝的营养，这个时候还可以适当地增加辅食，增加辅食的种类和每次喂食的量。新辅食的增添会让宝宝减少对于母乳的需求，同时也会让宝宝摄取的营养更加多样化。

减少宝宝喝母乳的次数

减少宝宝的喝奶次数，先从断夜奶开始。起初哭闹的时候，父母可以用白开水代替，宝宝很快就会不吃夜奶了。断掉夜奶能让宝宝一觉睡到天亮，这样更有利于宝宝的健康发育，也有利于断奶。然后再慢慢减少白天喂奶的次数。

温馨提示

断奶应该选择在宝宝身体和精神状态都比较好的时候，不要选择在宝宝生病的时候，这个时候宝宝抵抗力比较差，而且加上身体不适，心情不好，断奶会让宝宝无心进食，加重病情。

营养食谱推荐

香菇鸡肉羹

原料

鲜香菇 40 克，上海青 30 克，
鸡胸肉 60 克，软饭适量

调料

盐少许，食用油适量

做法

1　往汤锅中注入适量清水，用大火烧开，放入洗净的上海青，焯约
　半分钟至断生，捞出，放凉备用。
2　将焯好的上海青切成丝，再切成粒，然后剁碎；洗净的香菇切成
　片，再改切成粒；洗好的鸡胸肉切碎，再剁成末。
3　用油起锅，倒入香菇，炒香；放入鸡胸肉，搅松散，炒至转色；
　加入适量清水，拌匀。
4　倒入适量软饭，拌炒匀，加少许盐，炒匀调味；放入上海青，拌
　炒匀。
5　将炒好的食材盛出，装入碗中即可。

小叮咛

炒制时可以加入少许芝麻油，能使成
品味道更加鲜美。

扫一扫二维码
视频同步学美味

扫一扫二维码
视频同步学美味

鸡茸豆腐胡萝卜小米粥

🥄 **原料**

小米、鸡肉各 50 克，
豆腐、胡萝卜各 30 克

🥄 **调料**

盐适量

小叮咛

鸡肉泥中可加入一个蛋黄，味道会更香，宝宝会更爱吃。

做法

1 将鸡肉切成丁，豆腐切小块，胡萝卜切圆片。

2 往电蒸锅中注水烧开，放入胡萝卜，蒸 13 分钟至熟透，取出后倒入大碗中，再用勺子压碎，待用。

3 备好绞肉机，将鸡肉、豆腐打碎后倒入碗中，加入盐，搅匀；将

鸡肉泥捏制成丸子，倒入碗中，注入适量开水，余至半熟，捞出装盘。

4 往奶锅中注水烧热，倒入小米，煮沸后用小火煮 20 分钟，倒入胡萝卜碎、丸子，拌匀，加盖，续煮 2 分钟至熟。揭盖，将小米粥装碗即可。

南瓜鳕鱼粥

原料

南瓜30克，鳕鱼20克，大米80克

做法

1　南瓜去皮，切块，再剁碎。
2　将鳕鱼处理干净后剁碎。
3　往锅中注水烧开，倒入泡发好的大米，煮开，搅拌一会儿。
4　倒入南瓜和鳕鱼，煮至食材熟软，搅匀。
5　将煮好的食材盛入碗中，放凉后即可食用。

小叮咛

鳕鱼含有宝宝发育所需的多种氨基酸，而且极易消化吸收，适合宝宝食用。

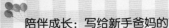

扫一扫二维码
视频同步学美味

鲈鱼嫩豆腐粥

原料

鲜鲈鱼 100 克，嫩豆腐 90 克，大白菜 85 克，大米 60 克

调料

盐少许

小叮咛

最好选用鱼刺最少的鱼腹，而且要非常仔细地把鱼刺去除干净，否则宝宝食用时易卡喉。

做法

1 将豆腐切成小块；鲈鱼去除鱼骨，再剔除鱼皮，留鱼肉待用；大白菜切成丝，再剁成末。

2 取榨汁机，选择干磨刀座组合，将大米放入杯中，套在榨汁机上开始打磨，将磨好的米碎盛出。

3 将装有鱼肉的小蝶放入烧开的蒸锅中，盖上盖，蒸至鱼肉熟透，揭盖，取出鱼块，压碎，再剁成末，装碗。

4 往汤锅中注水，倒入米碎，用勺子拌煮半分钟；调成中火，倒入鱼肉泥、大白菜末，拌煮至熟透，加入盐，拌匀调味；倒入豆腐，搅碎，煮至熟透。

5 关火，把米糊盛出装入碗中即可。

蛋黄银丝面

原料

小白菜 100 克，面条 75 克，熟鸡蛋 1 个

调料

盐、食用油各少许

小叮咛

煮面条时不宜用大火，这样很容易将面条煮得夹生，宝宝吃后不易消化。

做法

1　往锅中注水烧开，放入小白菜，煮约半分钟，捞出，沥干，放凉备用。

2　将面条切成段，小白菜切成粒，熟鸡蛋剥取蛋黄，压扁后切成末。

3　往汤锅中注入适量清水烧开，放入面条，搅匀，用大火煮沸后放入少许盐，再注入适量食用油。

4　加盖，用小火煮约 5 分钟至面条熟软，揭盖，倒入小白菜，搅拌几下，续煮片刻至全部食材熟透。

5　关火后盛出面条和小白菜，装碗，撒上蛋黄末即可。

扫一扫二维码
视频同步学美味

上海青鱼肉粥

原料

鲜鲈鱼、上海青各50克，水发大米95克

调料

盐2克，水淀粉2毫升

小叮咛

宝宝经常食用鲈鱼，对骨骼的生长发育非常有益。

做法

1 将洗净的上海青切成丝，再切成粒；将干净的鲈鱼切成片。

2 把鱼片装入碗中，放入少许盐、水淀粉，抓匀，腌渍10分钟至入味。

3 往锅中注水烧开，倒入水发好的大米，拌匀。

4 盖上盖，用小火煮30分钟至大米熟烂。

5 揭盖，倒入鱼片，拌匀，放入切好的上海青，再往锅中加入适量盐，用锅勺拌匀调味。

6 将煮好的粥盛出装入碗中即可。

扫一扫二维码
视频同步学美味

鸡肝面条

🍴 原料

鸡肝、小白菜各50克，
面条60克，蛋液少许

🥄 调料

盐2克，食用油适量

小叮咛

煮鸡肝的时间应适当长一
些，以鸡肝完全变为灰褐
色为宜。

做法

1　将洗净的小白菜切碎，面条折
　　成段。

2　往锅中注入适量清水烧开，放入
　　洗净的鸡肝，盖上盖，煮5分钟
　　至熟，捞出，放凉。

3　将放凉的鸡肝切片，剁碎。

4　往锅中注入适量清水烧开，放入
　　食用油，加入盐，再倒入面条，搅匀，
　　盖上盖，用小火煮5分钟至面条熟软。

5　揭盖，放入小白菜，再放入鸡肝，
　　搅匀，煮至沸腾，倒入蛋液，搅
　　匀，煮沸。

6　关火，把煮好的面条盛入碗中即可。

乌冬面糊

原料

乌冬面 240 克，生菜叶 30 克

调料

盐少许，食用油适量

小叮咛

生菜可在清水中浸泡20分钟后再洗，这样能更好地去除农药。

做法

1. 将洗好的生菜切成碎末，备用。

2. 往锅中注入适量清水烧开，加入少许食用油、盐，倒入乌冬面，搅散，用大火煮至熟软，捞出，沥干水分，置于砧板上，切段，再剁成末，备用。

3. 往锅中注入适量清水烧开，加入少许盐、食用油，倒入乌冬面，快速搅散。

4. 盖上盖，烧开后用中火煮约5分钟至其呈糊状。

5. 揭盖，倒入生菜叶，搅匀，煮至熟软。

6. 关火后盛出煮好的面糊即可。

包菜鸡蛋汤

扫一扫二维码
视频同步学美味

原料

包菜 40 克，蛋黄 2 个

调料

盐 1 克

小叮咛

煮汤的过程中要掠去汤面
的浮沫，除了美观，还能
保证汤的良好口感。

做法

1　将洗净的包菜切碎。

2　往沸水锅中倒入包菜碎，焯 30
　　秒钟至断生，捞出，沥干水分，
　　装盘。

3　往蛋黄中倒入包菜碎，搅拌均匀
　　成包菜蛋液。

4　另起锅，注入约 600 毫升清水

烧开，倒入包菜蛋液，搅匀，煮约 1
分钟至汤水烧开，加入盐，搅匀调味。

5　关火后盛出煮好的汤，装碗即可。

煮苹果

原料

苹果 260 克

做法

1. 将洗净的苹果取果肉，改切小块。
2. 往砂锅中注入适量清水烧开，倒入苹果块，轻轻搅散开。
3. 中火煮约 4 分钟至其析出营养物质。
4. 调成大火，搅拌几下，关火后盛出煮好的苹果。
5. 装在小碗中，稍微冷却后即可食用。

小叮咛

鲜嫩淡黄的苹果果肉经过熬煮，宛如晶莹闪耀的黄色宝石，宝宝会爱上这果肉的美味。

扫一扫二维码
视频同步学美味

扫一扫二维码
视频同步学美味

苹果奶昔

原料

苹果 1 个，酸奶适量

做法

1 将洗净的苹果对半切开，去皮、去核，切成瓣，再切成小块。

2 取榨汁机，选搅拌刀座组合，放入苹果，倒入适量酸奶。

3 盖上盖子，选择"搅拌"功能，将苹果榨成汁，倒入杯中即可。

小叮咛

酸奶不要加入太多，以免过酸，掩盖苹果的鲜甜味。

1~2岁宝宝喂养方案

宝宝终于1岁了，能逐渐独立行走了，进食模式也慢慢向大人转变。此时，妈妈可以适当地增加食物的种类和稠度，同时尽量将食物颜色搭配得丰富一些，将食物造型做得更可爱一些，让宝宝对吃饭产生兴趣。

每日营养需求

能量	蛋白质	脂肪	烟酸	叶酸	维生素A
438~459千焦/千克体重（非母乳喂养加20%）	3.5克/千克体重	总能量的35%~40%	6毫克	150微克	400微克
维生素B_1	维生素B_2	维生素B_6	维生素B_{12}	维生素C	维生素D
0.6毫克	0.6毫克	0.5毫克	0.9微克	60毫克	10微克
维生素E	钙	铁	锌	镁	磷
4毫克	600毫克	12毫克	9毫克	100毫克	450毫克

科学喂养方案

1~2岁的幼儿，饮食习惯将发生变化，将从以奶类为主转向以混合食物为主。不过，宝宝的消化系统还没有完全成熟，需要给他提供营养丰富、适合年龄的多种食物，帮助宝宝逐渐形成健康的饮食习惯。

继续喝奶

断奶意味着孩子已经不用依赖母乳，能够从其他食物中获得营养了，这些食物也包括牛奶、奶粉和酸奶等。宝宝在1~3岁之间，咀嚼和消化能力还是比不上成年人，特别需要一些营养价值高、消化吸收容易的食物，而奶制品就能满足这种需求。如果不吃奶制品，宝宝很难得到足够多的钙，也有缺乏维生素B_2和维生素A、维生素D的风险。

合理安排就餐时间

由于幼儿年龄的差异，以及消化器官功能的不同，在食物的种类、质量、喂养方法、每天进食的次数和间隔时间上也有差异，但饮食做到定时、定量则是对孩子基本的要求。对于幼儿而言，因为食物在他们胃里消化的时间为3~4小时，所以一般两餐相隔时间以4小时左右为宜。随着年龄增长，进餐次数可相应减少，3岁以上的幼儿进食次数可逐渐与成年人一样。

调整就餐情绪

进食之前，不要让幼儿做剧烈的活动，要让他们保持平静而愉快的就餐情绪。进食时，注意力要集中，不要逗引幼儿大笑，也不要惹其哭闹，更不宜让幼儿边吃边玩。当孩子不认真吃饭时，要循循诱导，不要训斥、恐吓、打骂。心情舒畅，能使幼儿对食物产生兴趣和好感，从而引起他旺盛的食欲，促进消化腺的分泌。同时，进食不要过急，要细细咀嚼，以促进消化腺的分泌；这样有利于食物的消化和吸收。

注意就餐卫生

父母还要教育孩子使用自己的茶杯、碗筷，进食前要洗手，饭后要漱口，吃饭时不能用手去抓碗碟里的菜吃；不吃掉在地上的东西，不吃不洁净的食物。

给予宝宝健康的零食

在这个时期，宝宝进食零食的比重比较大，因此零食应该与主食一样，也要注意健康和营养。如给宝宝的零食应坚持少油低糖的原则，因为宝宝年纪尚小，肠胃功能远不如大人完善，如果所吃的零食不健康，会影响身体的消化吸收和健康成长。如果是喂水果，最好是在喂完奶或者吃完饭之后再喂，因为大部分水果含糖量较高，会影响宝宝的食欲。另外，宝宝的认知能力和精细动作进一步发育，能很好地抓握东西了，因此，妈妈最好给宝宝提供方便抓握的零食，如手指饼干、水果干等，锻炼他的手部力量。

培养孩子独立吃饭的能力

此外，为了培养幼儿的独立生活能力，待孩子到1岁后，就可以把小勺给他，让他锻炼自己吃饭；2岁的时候，孩子的手腕部已有力量拿碗，这时可让他尽量自己端碗，养成自己吃饭的习惯。

营养食谱推荐

芦荟雪梨粥

原料

水发大米 180 克，芦荟 30 克，
雪梨 170 克

调料

白糖适量

做法

1　将雪梨切开，去皮去核，果肉切成小块。
2　将洗好的芦荟切开，取果肉切小段。
3　往砂锅中注入清水烧热，倒入大米，搅拌匀，盖上盖，煮至米粒变软。
4　揭盖，倒入切好的芦荟，放入雪梨块，拌匀，再盖上盖，用小火续煮至食材熟透。
5　盖上盖，加入白糖，拌匀，用中火煮至溶化，将煮好的粥装入碗中即成。

小叮咛

雪梨块最好泡在清水中，这样可以去
除果肉的酸涩味。

扫一扫二维码
视频同步学美味

丝瓜粳米泥

 原料

丝瓜55克，粳米粉80克

做法

1. 将洗净去皮的丝瓜切开，去籽，切成条，再切丁。

2. 取一个碗，倒入丝瓜丁、粳米粉，注入适量的清水，充分搅拌匀。

3. 将拌好的丝瓜粳米泥倒入备好的蒸碗中，待用。

4. 电蒸锅注入适量清水烧开，放入丝瓜粳米泥，盖上盖，调转旋钮定时15分钟至蒸熟。

5. 掀开盖，取出即可食用。

小叮咛

给宝宝食用时最好完全使用丝瓜嫩肉的部位，口感会更好。

扫一扫二维码
视频同步学美味

面包水果粥

扫一扫二维码
视频同步学美味

原料

苹果、梨各100克，
草莓45克，面包30克

小叮咛

梨营养丰富，还具有养心
润肺、润肠通便等功效，
宝宝可常食。

做法

1　把面包切成条形，再切成小丁。

2　将洗净的梨去核，去皮，切成丁。

3　将洗好的苹果去核，去皮，把果肉切片，再切丝，改切成丁。

4　将洗净的草莓去蒂，切成丁。

5　往砂锅中注入适量清水烧开，倒入面包块，略煮，撒上切好的梨丁，拌匀。

6　倒入切好的苹果丁、草莓丁，搅匀，用大火煮约1分钟至食材熟软，盛出煮好的水果粥即可。

鸡肝圣女果米粥

原料

水发大米 100 克，圣女果 70 克，小白菜 60 克，鸡肝 50 克

调料

盐少许

小叮咛

烹调鸡肝时最好淋入少许料酒，既可以去除腥味，又能保持其鲜嫩的口感。

做法

1. 往锅中注水烧开，放入小白菜，焯约半分钟，捞出，沥干水分，放凉，再剁成末。

2. 倒入洗净的圣女果，焯约半分钟，捞出，沥干水分，放凉，剥去表皮，再剁成末。

3. 将鸡肝放入沸水锅中，盖上盖，煮3分钟，捞出，沥干，放凉，剁成泥。

4. 往汤锅中注水烧开，倒入大米，搅散，盖上盖，用小火煮至米粒熟软。

5. 揭盖，倒入圣女果，放入鸡肝泥、盐，拌匀，续煮片刻，盛入碗中，撒上小白菜末即可。

鱼肉玉米粥

扫一扫二维码
视频同步学美味

原料

草鱼肉 70 克，玉米粒 60 克，水发大米 80 克，圣女果 75 克

调料

盐少许，食用油适量

小叮咛

玉米内含有大量的营养物质，将玉米与鱼肉搭配做粥，对宝宝的发育很有好处。

做法

1 往汤锅中注水烧开，放入圣女果，烫半分钟，捞出，去皮，切成粒，再剁碎。

2 将草鱼肉切小块，玉米粒切碎。

3 用油起锅，倒入鱼肉，煸炒出香味，倒入清水，盖上盖，用小火煮 5 分钟至熟。

4 揭盖，用锅勺将鱼肉压碎，把鱼汤滤入汤锅中，放入大米、玉米碎，拌匀，盖上盖，用小火煮至食材熟烂。

5 揭盖，放入圣女果，拌匀，加入盐，拌匀煮沸，盛出，装入碗中即可。

扫一扫二维码
视频同步学美味

西红柿面片汤

原料

西红柿 90 克，馄饨皮 100 克，鸡蛋 1 个，姜片、葱段各少许

调料

盐 2 克，食用油适量

小叮咛

生面片放入锅中之前最好将其散开，以免遇热后粘在一起，不易煮得熟透。

做法

1 将备好的馄饨皮沿对角线切开，制成生面片，待用。

2 将洗好的西红柿切开，再切小瓣。

3 把鸡蛋打入碗中，搅散，调成蛋液，待用。

4 用油起锅，放入姜片、葱段，爆香，盛出姜片、葱段，倒入切好的西红柿，炒匀；注入适量清水，用大火煮约 2 分钟至汤水沸腾；倒入生面片，搅散，拌匀，转中火煮约 4 分钟，至食材熟透。

5 倒入蛋液，拌匀，至液面浮现蛋花，加入盐，拌匀调味。

6 关火，盛出煮好的面片，装碗即可。

小米山药饭

原料

水发小米 30 克，水发大米、山药各 50 克

做法

1　将洗净去皮的山药切小块。

2　备好电饭锅，打开盖，倒入山药块，放入洗净的小米和大米，注入适量清水，搅匀。

3　盖上盖，按功能键，调至"五谷饭"图标，进入默认程序，煮至食材熟透。

4　按下"取消"键，断电后揭盖，盛出煮好的山药饭即可。

小叮咛

山药块最好浸入清水中，以免氧化变色，影响成品成色。

扫一扫二维码
视频同步学美味

豆腐胡萝卜饼

🥬 原料

豆腐 200 克，胡萝卜 80 克，鸡蛋 40 克，面粉适量

🍳 调料

食用油适量

做法

1. 将洗净去皮的胡萝卜切成片，切丝，再切碎。
2. 将胡萝卜装入碗中，然后放入豆腐，拌碎；倒入鸡蛋、面粉，搅拌片刻；再倒入适量的清水，拌匀，制成面糊，待用。
3. 用油起锅，倒入适量面糊，煎至金黄色，翻面，煎至熟透。
4. 将煎好的饼盛出装入盘中即可。

小叮咛

煎饼的时候一定要待完全定型后再翻面，这样不易碎。

扫一扫二维码
视频同步学美味

扫一扫二维码
视频同步学美味

嫩南瓜沙拉

原料
梨泥 20 克，南瓜 250 克，核桃
10 克

做法
1 将洗净去皮的南瓜切成条，再改切
  成丁，备用。
2 往锅中注入清水，用大火烧开，倒
  入南瓜丁、核桃，搅拌片刻，盖上盖，
  用大火煮至南瓜熟烂。
3 揭盖，将煮好的食材捞出，装入碗中，
  浇上备好的梨泥即可。

小叮咛
南瓜搭配梨一同食用能润肺益气，还能
加强胃肠蠕动，帮助宝宝消化。

菌菇丝瓜汤

原料

金针菇 150 克，白玉菇、胡萝卜各 60 克，丝瓜 180 克，鲜香菇 30 克

调料

盐、食用油各适量

小叮咛

煮制丝瓜时加少许食醋，可以避免丝瓜变黑，汤品的味道也更鲜美。

做法

1. 将洗净的白玉菇切成段，洗净的香菇切成小块，洗净的金针菇切去老茎。

2. 将洗好的丝瓜去皮，切长条，改切成片；去皮洗净的胡萝卜切成段，改切成片。

3. 将切好的食材装入盘中，备用。

4. 往锅中注入适量清水烧开，淋入食用油，放入切好的胡萝卜、白玉菇、香菇，盖上盖，用大火煮沸后转中火煮 2 分钟至食材熟软。

5. 揭盖，倒入丝瓜、金针菇，拌匀，煮沸，加入适量盐，拌匀调味。

6. 将煮好的汤盛出，装入碗中即可。

奶汁冬瓜条

🍳 **原料**

牛奶 150 毫升,冬瓜 500 克,高汤 300 毫升

🥄 **调料**

盐 2 克,水淀粉、食用油各适量

做法

1 将洗净去皮的冬瓜切片,改切成条,备用。

2 用油起锅,倒入冬瓜条,略煎片刻,盛出冬瓜条,沥干油,装盘备用。

3 将锅置火上,倒入高汤、冬瓜,加入盐,拌匀;倒入备好的牛奶,拌匀,用水淀粉勾芡。

4 关火后盛出,装入盘中即可。

小叮咛

味道淡淡的冬瓜搭配香甜的牛奶,制作简单,宝宝也会喜欢。

酸奶西瓜

原料

西瓜 350 克，酸奶 120 克

做法

1　将西瓜对半切开，改切成小瓣。
2　取出果肉，改切成小方块，备用。
3　取一个干净的盘子，放入切好的西瓜果肉，码放整齐。
4　将备好的酸奶均匀地淋在西瓜上即可。

小叮咛

西瓜清甜饱满，搭配浓白的酸奶，叠合而成的那种酸甜能让宝宝吃得开心。

扫一扫二维码
视频同步学美味

扫一扫二维码
视频同步学美味

胡萝卜酸奶

原料

去皮胡萝卜 200 克，酸奶 120 克，
柠檬汁 30 毫升

做法

1　将洗净去皮的胡萝卜切块，待用。
2　往榨汁机中倒入胡萝卜，加入酸奶，
　　倒入柠檬汁，注入 60 毫升凉开水。
3　盖上盖，榨约 20 秒成蔬果汁。
4　揭开盖，将蔬果汁倒入杯中即可。

小叮咛

酸奶与胡萝卜一同榨汁能补充膳食纤维
和维生素，适合幼儿食用。

2~3 岁宝宝喂养方案

2 岁以后的宝宝已经可以独立做许多事了，他们记住了许多话语，可以自如地和大人讲话，能够自己吃饭并且还可以吃大人的饭菜，对于想吃什么和不想吃什么也能清楚地表达出来。

每日营养需求

能量	蛋白质	脂肪	烟酸	叶酸	维生素 A
480~500 千焦 / 千克体重（非母乳喂养加 20%）	4 克 / 千克体重	总能量的 30%~35%	6 毫克	150 微克	400 微克
维生素 B₁	维生素 B₂	维生素 B₆	维生素 B₁₂	维生素 C	维生素 D
0.6 毫克	0.6 毫克	0.5 毫克	0.9 微克	60 毫克	10 微克
维生素 E	钙	铁	锌	镁	磷
4 毫克	600 毫克	12 毫克	9 毫克	100 毫克	450 毫克

科学喂养方案

幼儿期养成的生活习惯会对孩子一生产生非常重要的影响。虽然这一阶段断奶已经结束，但是孩子也不能突然接受大人的饮食，所以这是一个过渡时期。

对食物的要求

随着年龄的增长，宝宝的牙齿逐渐出齐了，但他们的肠胃消化能力还相对较弱，因此，食物制作上一定要注意软、烂、碎，以适应宝宝的消化能力。给宝宝烹调食物时，不仅要做到细、软、烂、嫩，还应该注意干稀、甜咸、荤素之间的合理搭配，以保证能为宝宝提供均衡的营养素。此外，还要注意食物的色、香、味，以增进宝宝的食欲。

注重宝宝的早餐

许多研究表明，不吃早餐和早餐营养质量不高的孩子，其逻辑思维、创造性思维和身体发育等方面均会受到严重影响。有的家庭，由于生活习惯的缘故，父母不仅自己不重视早餐，对幼儿的早餐也往往不重视，这种习惯不利于孩子的健康成长和发育。因为早餐在孩子的营养素中，应该占一天所需营养物质全部的三分之一以上，而且早餐不仅要有富含糖类的馒头、面条、粥等，还应该有牛奶或鸡蛋等高蛋白质的食物。具有足够热量和蛋白质的早餐，才是宝宝需要的早餐，因为上午宝宝的体能消耗量较高，前天晚饭所摄入的营养素已基本消耗完，故应及时补充各种营养素。

学习使用筷子

有些父母为了省事，不及时训练宝宝使用筷子，让宝宝一直用勺子吃饭直至入学，这种做法并不科学。宝宝最好在 2~3 岁时学习使用筷子，这样一方面可以让宝宝享受用筷子进餐的乐趣，另一方面对宝宝的智力发育也有好处。宝宝拿筷子的姿势有个逐渐改进的过程，父母开始不必强求宝宝一定要按照自己用筷子的姿势，可以让宝宝自己去摸索。随着年龄的增长，宝宝拿筷子的姿势会越来越准确。

忌高油、高糖、高盐饮食

有的妈妈说，宝宝喜欢吃较咸的菜肴，喜欢吃油多香甜的饭菜。这没有什么可奇怪的，没有人愿意吃没有任何滋味的饭菜。问题是，宝宝的饮食习惯是爸爸妈妈后天培养的。宝宝不会要求妈妈在菜里多放些油和盐。妈妈喜欢吃这样的口味，总是做给宝宝吃，宝宝也就养成了这样的饮食习惯。

吃过多的盐、油和糖对宝宝的健康是没有好处的。不要养成宝宝爱吃肥甘厚味的饮食习惯。要想让宝宝不偏食，爸爸妈妈首先要是不偏食的人。宝宝是否有健康的饮食习惯，是与爸爸妈妈的喂养分不开的，爸爸妈妈不但要给宝宝提供健康的饮食，而且自己也要吃健康的食物。

营养食谱推荐

海鲜面片

原料

花甲 500 克，虾仁 70 克，馄饨皮 300 克，西葫芦 200 克，丝瓜 80 克，香菜叶少许

调料

盐、鸡粉、胡椒粉各 2 克

做法

1 将洗好的西葫芦切厚片，再切条。
2 将洗净去皮的丝瓜切成条。
3 将洗好的虾仁由背部划开，挑去虾线。
4 往锅中注水烧开，放入花甲，略煮一会儿，去除污物，捞出煮好的花甲，待放凉后取出花甲肉，装盘待用。
5 另起锅注水烧热，放入花甲肉、虾仁、西葫芦、丝瓜，加入盐、鸡粉、胡椒粉，拌匀，放入馄饨皮，煮至熟软。
6 关火后盛出煮好的食材，装入碗中，点缀上香菜叶即可。

小叮咛

可将花甲放在一个篓子里，不停地搅动，这样煮时花甲更易开口。

扫一扫二维码
视频同步学美味

065

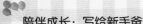

扫一扫二维码
视频同步学美味

香浓牛奶炒饭

🍲 原料

米饭200克，青豆50克，玉米粒45克，洋葱35克，火腿55克，胡萝卜40克，牛奶80毫升，高汤120毫升

🥄 调料

盐、鸡粉各2克，食用油适量

小叮咛

牛奶要最后放入，而且不宜炒制过久，以免破坏营养。

做法

1 将处理好的洋葱切丝，再切粒。

2 将火腿除去包装，切成粒。

3 将洗净去皮的胡萝卜切片，再切条，然后切成丁。

4 往锅中注水烧开，倒入青豆、玉米粒，搅匀，焯片刻，将食材捞出，沥干水分，待用。

5 热锅中注油烧热，倒入青豆、玉米粒、火腿、胡萝卜、洋葱，快速翻炒片刻；倒入米饭，翻炒片刻至松散；注入牛奶、高汤，翻炒出香味，加入盐、鸡粉，炒匀调味。

6 关火后将炒好的饭盛出装入盘中即可。

菠萝蒸饭

原料

菠萝肉 70 克，水发大米 75 克，牛奶 50 毫升

调料

盐 2 克，鸡粉少许，黄油适量

做法

1 将水发好的大米装入碗中，倒入适量清水，待用。

2 将菠萝肉切片，再切成条，改切成粒。

3 烧开蒸锅，放入处理好的大米，盖上盖，用中火蒸 30 分钟至大米熟软。

4 揭盖，将菠萝放在米饭上，加入牛奶，盖上盖，用中火蒸 15 分钟。

5 揭盖，把蒸好的菠萝米饭取出，用筷子翻动，稍冷却后即可食用。

小叮咛

菠萝中维生素C含量很高，幼儿食用能解暑止渴、消食止泻。

扫一扫二维码
视频同步学美味

扫一扫二维码
视频同步学美味

鸡汤菌菇焖饭

原料

水发大米260克，蟹味菇100克，杏鲍菇35克，洋葱40克，水发猴头菇50克，蒜末少许

调料

盐2克，鸡粉少许，黄油适量

小叮咛

高压锅中加入的水不宜太多，以免米饭太软，影响口感。

做法

1 将洗净的洋葱切碎；洗好的杏鲍菇切成丁；洗净的蟹味菇去除根部，再切成小段；洗好的猴头菇切小块，备用。

2 将煎锅置火上烧热，放入黄油，拌至其熔化，撒上蒜末，炒香；放入洋葱末，炒至其变软；倒入蟹味菇、猴头菇、杏鲍菇，翻炒匀，注水，煮沸；加入盐、鸡粉，炒匀，盛出装碗，制成酱菜。

3 取高压锅，倒入大米，注入清水，放入酱菜，拌匀，盖上盖，扣紧，用中火煮约20分钟，至食材熟透。

4 揭盖，盛出米饭，装入碗中即可。

洋葱三文鱼炖饭

扫一扫二维码
视频同步学美味

原料

水发大米100克，三文鱼70克，西蓝花95克，洋葱40克

调料

料酒4毫升，食用油适量

小叮咛

这款饭鲜香美味，会让宝宝胃口大开。

做法

1 将洗好的洋葱切成小块，待用。

2 将洗净的三文鱼肉切成丁。

3 将洗好的西蓝花切成小朵，备用。

4 将砂锅置于火上，淋入食用油烧热，倒入洋葱，炒匀；放入三文鱼，淋入料酒，炒匀，注入清水，用大火煮沸；放入大米，拌匀，

盖上盖，烧开后用小火煮约20分钟。

5 揭盖，倒入西蓝花，拌匀，再盖上盖，用小火煮约10分钟至食材熟透。

6 揭盖，关火后盛出煮好的米饭，装入盘中即可。

肉酱空心意面

原料

意大利比萨酱 40 克，肉末 70 克，洋葱 65 克，熟意大利空心面 170 克

调料

盐、鸡粉各 2 克，食用油适量

做法

1　将处理好的洋葱切片，再切成丁。
2　往热锅中注油烧热，倒入肉末，翻炒至转色，
3　倒入备好的洋葱、意大利比萨酱、空心面，翻炒匀。
4　加入盐、鸡粉，快速翻炒至入味。
5　关火后将炒好的面盛出装入盘中即可。

小叮咛

洋葱要焯熟，以免口感太辣；肉末不宜炒制过久，以免口感太干。

扫一扫二维码
视频同步学美味

扫一扫二维码
视频同步学美味

虾菇油菜心

🔹 原料

小油菜 100 克，鲜香菇 60 克，虾仁 50 克，姜片、葱段、蒜末各少许

🔹 调料

盐、鸡粉各 3 克，料酒 3 毫升，水淀粉、食用油各适量

做法

1　将香菇切片。

2　虾仁挑去虾线，装碗，加盐、鸡粉、水淀粉、食用油，腌渍至入味。

3　锅中注水烧开，放入盐、鸡粉、小油菜，焯 1 分钟，捞出；放入香菇，焯半分钟，捞出。

4　用油起锅，放入姜片、蒜末、葱段、香菇、虾仁、料酒、盐、鸡粉，炒熟即可。

小叮咛

小油菜的根部最好切开后再焯，这样可以去除根部的涩味。

扫一扫二维码
视频同步学美味

蒜蓉蒸娃娃菜

🥦 **原料**

娃娃菜350克，水发粉丝200克，红彩椒粒、蒜末各15克，葱花少许

🍳 **调料**

盐、鸡粉各1克，生抽5毫升，食用油适量

小叮咛

可先在娃娃菜上用牙签扎几个小孔，以便入味。

做法

1　将泡好的粉丝切段。

2　将洗好的娃娃菜切粗条，摆放在盘子的四周，放上切好的粉丝，待用。

3　往蒸锅中注水烧开，放上装有食材的盘子，加盖，用大火蒸15分钟至熟，揭盖，取出蒸好的食材，放置一旁待用。

4　另起锅，注入适量食用油，倒入蒜末，爆香，加入生抽，倒入红彩椒粒，拌匀，加入盐、鸡粉，炒约2分钟至入味。

5　关火后盛出蒜蓉汤汁，浇在娃娃菜上，撒上葱花即可。

什锦蒸菌菇

🍄 原料

蟹味菇 90 克，杏鲍菇 80 克，秀珍菇 70 克，香菇 50 克，胡萝卜 30 克，葱段、姜片各 5 克，葱花 3 克

🍄 调料

盐、鸡粉、白糖各 3 克，生抽 10 毫升

小叮咛

这道什锦蒸菌菇富含多种鲜美健康的菇类，经常食用能增强人体抵抗力。

做法

1 将洗净的杏鲍菇、秀珍菇分别切条；洗净的香菇切成片；洗好的胡萝卜切条。

2 取空碗，倒入切好的杏鲍菇、秀珍菇、香菇、胡萝卜和洗净的蟹味菇，放入姜片和葱段，加入生抽、盐、鸡粉、白糖，拌匀，腌渍 5 分钟至入味，装盘。

3 已烧开上汽的电蒸锅中放入菌菇，加盖，调好时间旋钮，蒸 5 分钟至熟。

4 揭盖，取出蒸好的什锦菌菇，撒上葱花即可。

扫一扫二维码
视频同步学美味

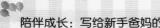

扫一扫二维码
视频同步学美味

蒸白菜肉丝卷

原料

大白菜叶 350 克，鸡蛋 80 克，水发香菇 50 克，胡萝卜 60 克，瘦肉 200 克

调料

盐 3 克，鸡粉 2 克，料酒、水淀粉各 5 毫升，食用油适量

小叮咛

白菜入锅焯水的时间不易过久，以免制卷的时候，菜叶易破。

做法

1. 将瘦肉切成丝；胡萝卜切丝；香菇去蒂，切粗条；往锅中注水烧开，倒入白菜叶，焯至断生，捞出。

2. 将鸡蛋打入碗中，搅匀成蛋液，倒入注油的热锅中，摊开，煎制成蛋皮，盛出，切成细丝。

3. 另起锅注油烧热，倒入瘦肉、香菇、胡萝卜，炒匀，加入料酒、盐、鸡粉，炒匀调味，盛出。

4. 将白菜叶铺平，放入炒好的食材，放上蛋丝，卷起，摆盘，放入蒸锅蒸熟。

5. 往热锅中注油烧热，注水，加入盐、鸡粉、水淀粉，搅匀成芡汁，浇在白菜卷上即可。

青豆蒸肉饼

原料

青豆50克，猪肉末200克，葱花、枸杞各少许

调料

盐、生粉各2克，鸡粉3克，料酒、豉油各适量

小叮咛

在制作肉馅的过程中，加水量以肉馅能完全吸收为准。

做法

1　取一碗，倒入猪肉末，加入盐、鸡粉、料酒、适量清水和生粉拌匀。

2　将拌好的猪肉放入另一个大的容器里，用力沿着同一个方向搅拌，放入葱花，再次搅拌均匀制成肉馅。

3　取一盘放入青豆，摆放均匀，将做好的肉饼平摊在青豆上，用勺子压实待用。

4　蒸锅中注入适量清水烧开，放上青豆肉饼，加盖蒸熟。

5　揭盖，关火后取出蒸好的青豆肉饼，浇上蒸鱼豉油，用枸杞点缀即可。

扫一扫二维码
视频同步学美味

小白菜虾皮汤

原料

小白菜 200 克，虾皮 35 克，姜片少许

调料

鸡粉 2 克，盐、料酒、食用油各适量

做法

1 将洗净的小白菜切成段。

2 切好的小白菜装入盘中，待用。

3 用油起锅，放入姜片，爆香，倒入洗好的虾皮，拌炒匀，再淋入料酒，炒香，倒入适量清水，盖上盖，烧开后用中火煮约 2 分钟。

4 揭盖，加入适量盐、鸡粉，倒入切好的小白菜，用锅勺拌匀后煮至沸。

5 将煮好的汤盛出，装入碗中即可。

小叮咛

小白菜不可煮制过久，以免流失过多的营养成分。

扫一扫二维码
视频同步学美味

扫一扫二维码
视频同步学美味

奶香苹果汁

原料

苹果 100 克，牛奶 120 毫升

做法

1　洗净的苹果取果肉，切小块。

2　取榨汁机，选择搅拌刀座组合，倒入切好的苹果，注入牛奶，盖好盖子。

3　选择"榨汁"功能，榨取果汁。

4　断电后倒出果汁，装入杯中即成。

小叮咛

榨汁前可以将牛奶冰镇一会儿，这样果汁的口感会更佳。

细心照料，做宝宝金牌护婴师。

日常护理篇

关注每一个细节，
悉心呵护宝宝成长

宝宝出生后，新手爸妈为了宝宝的护理工作，常常弄得手忙脚乱。宝宝的日常护理工作关系到宝宝生活的方方面面，在护理中，要关注宝宝的每一个细节。

新生儿，吃和睡的快乐生活

新生宝宝是非常脆弱的，需要加倍细心呵护。虽然只是简单的日常起居，可对于初为人父母的爸爸妈妈们来说也难免会手忙脚乱，如何给宝宝穿衣、怎么抱新生儿……这些都需要从头学起。

认识新生儿的身体

头

一般来说，自然分娩的新生儿的头，开始都是又窄又长又瘪的，因为从妈妈的产道里出来时会有一定程度的变形，头顶中央的部分很软；剖宫产的新生儿变形程度较轻。

头发

有的新生儿几乎没有头发，也有的头发浓密、蓬乱。新生儿头发的颜色也有差异，有黑色的，也有棕色的。

眼睛

因为对光很敏感，新生儿常常眯着眼睛，且大部分时间都在睡觉。新生儿的眼珠一般是黑色的或棕色的，有的还会出现暂时性充血；刚出生时只能看到红色，视物距离仅为25cm，出生后2~4周，眼睛开始能对准焦点。

耳朵

耳朵的样子起初有点儿奇怪，还可能左右不对称，很快会恢复正常。刚出生的宝宝的耳朵只会对较大的声音做出细微的反应，出生1周后，对于小一点儿的声音也会做出反应。

脸

新生儿五官尚不清晰，鼻子扁平，脸蛋胖嘟嘟的，眼睛有些浮肿，额头和眼皮上可以看到红色斑点，皮肤颜色红润，但深浅不一。

胸

新生儿胸部会有一些膨胀，有的还会流出像母乳一样的分泌物，这是其在子宫中受到妈妈分泌的激素影响导致的。如果把手放在其胸前，能感受到他心跳很快。

大大的头，四等身身体，握着拳头的小手，以及短小、蜷缩的四肢等，是新生儿的身体特征。要想做好宝宝的科学护理工作，先从认识新生儿的身体做起吧！

胳膊

新生儿的胳膊一般处于有力的状态，向上握着拳头，如果用手指触摸，会握得更紧。睡着以后，拳头会自然松开。

肚脐

新生儿出生后，要在其腹部 4~5cm 处剪断脐带，然后在 2~3cm 处用肚脐夹子夹住剩下的脐带。出生后 1 周左右，脐带会自己脱落。

指甲

在妈妈的肚子里时，新生儿的指甲就开始生长发育了，所有新生儿的指甲都会比较长、像纸张一样薄，但是非常尖锐，需及时修剪。

生殖器

男宝宝的睾丸和外阴有点儿肿，呈现膨胀的状态，因出生时分泌大量激素，所以生殖器会变大，但 1 周内就会恢复正常；女宝宝由于在胎儿期受母体雌激素的影响，所以阴唇会肿胀，随着体内雌激素水平的下降，在 6~8 周会逐渐消失。

脚

新生宝宝的脚底皱纹较多，因为腿是弯曲的，所以脚心向里，且都是平足，如果发现宝宝的脚像成年人一样为弓型，那么可能是神经或肌肉组织出现了问题。

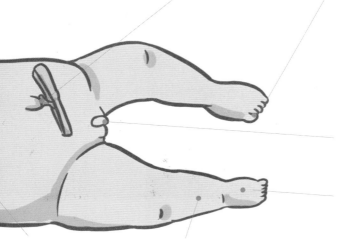

皮肤

新生儿全身会覆盖着一层白色膜的光润胎脂，皮肤光滑，呈微红色，手和脚因体温变化很大，一般呈青色。

腿

因为膝盖弯曲，所以双腿的样子有点儿像青蛙。即使把宝宝的双腿用手拉直，马上又会恢复弯曲的状态。

宝宝档案

一般刚出生的宝宝（足月），其发育情况为：男孩体重约为3.3千克，身高约为50厘米，头围约为34厘米，胸围约为32厘米；而女孩体重约为3.2千克，身高约为49厘米，头围和胸围则与男孩非常接近。但妈妈们需注意，这只是作为参考，每个宝宝的发育情况不同也会影响相应指标。尤其是刚出生的宝宝，由于睡眠不足或吸乳过少，体重会有所下降，在3～4日龄时体重达到最低，至7～10日龄则会开始恢复之前体重，随后稳步增长。

其实，新生儿在动作、语言和认知等方面也会有自己独特的标签，妈妈们千万不要忽略哦！如宝宝的手经常会呈握拳状，当有人用手或拨浪鼓触碰他的手掌时，会紧握住拳。虽然第一声啼哭算不上语言，但用不了多久，宝宝的哭声会传递出饿了、尿了或是不舒服的信息。至于认知方面，刚出生的宝宝还没有直接的注意力。

新生儿的原始反射

新生儿的反射反应是指新生儿对某种刺激的反应，这是新生儿特有的本能，是宝宝神经和肌肉是否正常的标志。一般情况下，新生儿是从这些原始反射反应开始，逐渐发展成复杂、协调、有意识的反应。这些先天反射包括握拳反射、迈步反射、觅食反射、摩罗反射、觅食反射、吸吮反射、交叉反射、颈肢反射、踏步反射、颤抖反射、游泳反射以及自我保护反射等，

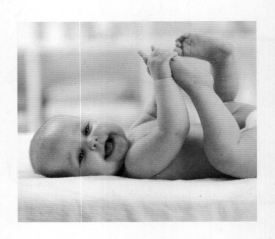

多达几十种，下面只介绍新生儿检查中常用的几种反射反应。

握拳反射

如果轻轻地刺激新生儿的手掌，新生儿就会无意识地用力抓住对方的手指。

如果拉动手指，新生儿的握力会越来越大，甚至能提起新生儿。脚趾的反应没有手指那样强烈，但是跟握拳反射一样，新生儿能缩紧所有的脚趾。研究结果表明，握拳反射与想抓住妈妈的欲望有密切的关系。一般情况下，新生儿能自由地调节握拳作用后，才能任意抓住事物。

迈步反射

在一周岁之前，新生儿都不能走路，但是出生后即具有迈步反射能力。让新生儿站立在平整的地面上，然后向前倾斜上身，这样宝宝就能做出迈步的动作。另外，如果用脚背接触书桌边缘，就能像上台阶一样向书桌上面迈步。在悬空状态下，新生儿处于非常不安的状态，因此能踩住脚底下的东西。可以说，出生后，新生儿就开始寻找自己站得住脚的地方。

摩罗反射

该反射是指新生儿保护自己的反射。如果触摸新生儿或抬起新生儿头部，新生儿就会做出特有的反应。在伸直双臂、双腿和手指的情况下，新生儿就像抱妈妈一样，会向胸部靠近手臂，而且向胸部蜷缩膝盖。有时，还会拼命地哭闹。

觅食反射

如果大人轻轻用手指、乳头或其他物体触碰宝宝的面颊或口角，宝宝就会认为有吃的东西，会顺着被触摸的方向张开小嘴，像小鸟觅食一样。这种反射就叫做觅食反射，也叫做寻乳反射，是新生儿出生后为获得食物、能量、养分的一种求生需求，是一种维持生命的本能。

吸吮反射

如果把洗干净的手指、乳头或其他物体放入宝宝的口中，他会自动做出吸吮的动作，此即吸吮反射。吸吮反射与觅食反射是配套的反射活动，能使宝宝顺利摄取到营养物质。如果宝宝出生后吸吮反射很弱或消失，提示其可能存在缺氧或有神经系统损伤的情况。

交叉反射

让宝宝仰卧，用一只手按住宝宝一侧的膝关节，使该侧的腿伸直，另一只手划一下该侧的足底，宝宝的对侧下肢会出现屈曲，然后做出伸直和内收的动作，内收动作强烈时可将腿放在被刺激的那一侧腿上。如果新生儿期不存在交叉反射，则提示宝宝可能有神经系统的损伤。

新生儿特有的生理现象

刚出生的宝宝似乎一整天都在睡觉，除了吃就是睡。而这两样恰好就是新生儿生长发育的最大动力。除此之外，新生儿还会保持一些自己特有的生理现象，这些生理现象会随着宝宝的成长逐渐消失。

出生后 3~4 天体重会减轻。宝宝出生后 3~4 天，体重会有所下降，这是"生理性体重丧失"。通常会随着宝宝进食量的增加，慢慢恢复正常和稳定。约在出生 10 天后进入快速生长阶段。

出生头两三天眼睛会有斜视。新生儿早期眼球尚未固定，看起来会有些斜视，属于正常现象。如果 3 个月后，宝宝仍旧斜视，应及时去医院就诊。

几乎都处于睡眠状态。新生儿平均每天有 18~22 小时的睡眠时间。一般只在饿了想吃奶时，才会醒过来哭闹一会儿，吃饱后又会安然地睡着。新生儿的睡眠时间会随着月龄的增长而逐渐减少。

哭，但泪水不多。新生儿期的宝宝，除了吃、睡、排泄，就是哭。无论是饿了、热了、冷了，还是尿湿了、不舒服，都会用哭声来表达。但由于新生儿的泪腺所产生的液体量很少，所以会出现宝宝哭但是没有眼泪的情况。

会尿出红色尿。新生儿出生后 2~5 天，由于小便较少，加之白细胞分解较多，使尿酸盐排泄增加，可使尿液呈红色。这时可加大哺乳量或多喂温开水以增加尿量，防止结晶或栓塞。

几乎都会"脱皮"。几乎所有的新生儿都会有脱皮的现象，这是新生儿皮肤最上层角质层发育不完全而引起的脱落。这种脱皮现象全身都可出现，以四肢、耳后较为明显，无须采取特殊措施，待其自然脱落即可。

乳腺肿胀。由于母体妊娠后期雌激素的影响，新生儿出生 1 周内，不论男宝宝、女宝宝，都可能会出现蚕豆大小的乳腺肿大，还可见乳晕颜色增深及泌乳。乳腺肿大在出生后第 2~3 周会自然消退。

扁平足、罗圈腿、内八脚。宝宝出生后都会有扁平足、内八脚和罗圈腿的现象，这是正常的。随着宝宝身体发育和经常运动，身体和脚都会慢慢变直。

新生儿起居室的要求

宝宝出生后对环境的适应需要一个过程，所以对居室布置也是有要求的。不能只考虑到美观，实用性和安全性才是爸爸妈妈们最应该引起重视的。一般来说，宝宝居住的房间应满足以下环境条件：

▶ 要宽敞，并保持一定的光照度。

▶ 居住的房间应时常通风，保证有足够的新鲜空气。

▶ 保证适当的温度和湿度，室内温度，夏天可维持在 23~25℃，冬天需保持在 20℃ 以上；室内湿度在 55%~65% 为好。

▶ 不要有噪声，但也应避免过于安静。

▶ 不要有烟雾，尤其要禁止在房间内抽烟。

新生儿衣着的要求

对于新生儿的衣物，爸爸妈妈们不用准备太多，毕竟宝宝一天一个样，很快就会穿不上了。由于宝宝的皮肤特别娇嫩，在准备衣物时一定要遵循安全、舒适和方便三大原则。

安全
选择正规厂家生产的，上面有合格证、产品质量等级等标志的童装。

舒适
选择纯棉衣物，衣服的腋下和裆部一定要柔软，贴身的一面没有接头和线头。

方便
前开衫的衣服比套头的方便，松紧带的裤子比系带子的方便，但注意松紧带别太紧了。

新生儿大多数时间都在室内，加上小宝宝的新陈代谢速度较快，所以不用给他穿太多衣服，通常比大人多一件就可以了。但是，由于环境和个体差异，具体还得观察宝宝的状况随时做调整。

给宝宝穿衣、脱衣时，一定要让宝宝仰面躺在垫子或毛巾上，动作要轻柔，不要留指甲，避免在接触时伤害到宝宝。

尿布（裤）的选择

新生宝宝可以用布尿布，也可以用纸尿裤，但无论用哪一种，妈妈都要在舒适度上多下功夫。舒适度高，不但可以避免尿布疹等不适，还能提高宝宝的睡眠质量，对宝宝成长有帮助。

选择布尿布时尽量选择纯棉、色浅、长短薄厚均适合的尿布。如果是纸尿裤，宜选择表层柔软、大小合身、吸湿性好、透气性好的尿裤。

安抚啼哭的新生儿

一般情况下，只要宝宝吃饱了，身体感觉舒适，精神上满足，就不会哭闹。所以如果宝宝哭闹，妈妈只要弄清原因，排除让宝宝不舒服的因素，宝宝就会安静了。

如果宝宝的哭声很响亮，富有节奏感，每次哭的时间很短，一天大概能哭好几次，但进食、睡眠及玩耍状态都很好，一般不用特别在意，这是宝宝的一种特殊的运动方式。妈妈只要轻轻触摸宝宝，对宝宝笑，宝宝就会停止啼哭。

如果宝宝边哭边将头转向妈妈的胸部寻找乳头，说明宝宝饿了，此时只需给宝宝喂奶，他便会马上安静下来。如果宝宝啼哭时显得很烦躁，并时时用舌头舔嘴唇，而且嘴唇发干，就说明宝宝口渴了，给宝宝喂水就可以了。如果宝宝的眼睛时睁时闭，哭声断断续续，只要把宝宝放在一个安静舒适的地方，他就会停止啼哭，安然入睡。宝宝感觉不舒适也会啼哭，如尿湿了、衣被裹得过紧，或被蚊虫叮咬、听到强烈噪声等，此时爸爸妈妈需仔细观察宝宝周遭的环境寻找原因，从而改进。如果宝宝的哭声比平时尖锐而凄厉，或握拳、蹬腿、烦躁不安，不论怎么安抚，宝宝依旧哭个不停，持续哭泣 15 分钟以上仍不能让他停止时，那就可能是生病了，需及时带宝宝就诊。

给新生儿洗澡

　　一般来说，身体健康的宝宝出生后第二天就可以洗澡了。洗澡可以帮助清洁宝宝的皮肤，促进宝宝全身血液循环，加快新陈代谢。给宝宝洗澡的步骤如下：

● Step1　妈妈给宝宝脱去衣物，用毛巾盖住宝宝的身体，双手横托着宝宝慢慢放入水中。

● Step2　用小毛巾蘸水，轻拭宝宝的脸颊，从脸部中央向外侧，由内眼角向外眼角，由鼻梁向脸颊擦拭。

● Step3　用水将宝宝的头发弄湿，然后倒少量洗发液在手心，搓出泡沫后轻柔地在宝宝头上揉洗。

● Step4　洗净头后再分别洗颈下、腋下、前胸、双臂、手掌、大腿和小腿。

● Step5　用双手将宝宝翻转过来，呈趴姿，清洗宝宝的脖子后方、背部。

● Step6　将宝宝转回正面，清洗宝宝的屁股与生殖器，褶皱和内凹处也要用指腹细心搓洗。

● Step7　洗完澡，用热水淋洗宝宝全身以温暖身体。

● Step8　从热水中抱起宝宝，用浴巾把宝宝包起来，并轻压吸干水分。

● Step9　把宝宝放在事先准备好的衣服上，快速帮他穿戴好衣服和尿布。

温馨提示

· 洗澡前确认宝宝不会饿，暂时不会大小便，且吃奶超过 1 小时。

· 洗澡前准备好宝宝专用的澡盆、沐浴液和柔软的毛巾（2~3条，擦脸和和擦洗阴部的要分开）、浴巾、替换衣物等。

· 室温在26~28℃，洗澡水温控制在38~41℃。妈妈可用手肘弯内测试温度，感觉不冷不热最好。

为宝宝修剪指甲

新生宝宝的指甲通常都很长，为了防止他们抓伤自己和藏污纳垢，妈妈应勤给宝宝剪指甲，每周可剪 1~2 次。很多妈妈担心在剪指甲的过程中会弄伤宝宝，其实只要掌握好方法，就可降低这种难度。给新生宝宝剪指甲尽量使用专为新生宝宝设计的小剪刀或指甲剪，指甲不要剪得过短，以免损伤甲床。

给宝宝剪指甲时，宜在宝宝不乱动的时候剪，可选择在喂奶过程中或是等宝宝熟睡时。洗澡后指甲会变软，妈妈也可在此时给宝宝剪。给宝宝剪指甲时务必保证光线明亮，在昏暗的灯光下，可能影响妈妈的操作。妈妈可按以下步骤为宝宝修剪指甲：

- Step1　让宝宝躺卧于床上，妈妈跪坐在宝宝一旁，再将胳膊支撑在大腿上，以求手部动作稳固。妈妈也可坐着，将宝宝抱在身上，使其背靠妈妈。

- Step2　妈妈握住宝宝的一只小手，将宝宝的手指尽量分开，用新生宝宝专用指甲刀沿着宝宝手指的自然线条，压着手指肉去剪。

- Step3　将宝宝指甲剪成圆弧状。剪完指甲，妈妈要用自己的拇指肚摸一摸宝宝指甲有无不光滑的部分，若有，还需修理。

- Step4　检查宝宝指甲和手指尖的污垢有没有清除，如果还有污垢，不可用锉刀尖或其他锐利的东西清洗，应用温水洗干净，然后用柔软的小毛巾擦干净宝宝的手。

温馨提示

　　剪指甲的过程中，如果不慎误伤了宝宝的手指，应尽快用消毒纱布或棉球压迫伤口，直到止住血，再涂抹一些碘酒或消炎软膏。

正确抱起和放下新生宝宝

　　刚出生的宝宝，颈部尚不稳定，身体也小小的，想必很多妈妈抱宝宝时都会紧张吧！其实，只要抓住诀窍就没问题了。

横抱

　　初次抱新生宝宝，推荐横抱。具体方法为：身体微微前屈，靠近宝宝，双手轻轻放在宝宝头部与屁股下方；接着托着宝宝头部，慢慢将宝宝抱起，并贴近胸前，妈妈的身体也随之抬起；然后将宝宝头部轻轻往手肘内侧移动，并用手臂包覆宝宝的背部与屁股。

竖抱

　　与横抱一样，竖抱也是抱新生儿的常用方法。具体方法为：身体微微前屈，靠近宝宝的脸庞，双手轻轻放在宝宝头部与屁股下方；再托着宝宝头部，慢慢将宝宝抱起，并贴近胸前，妈妈的身体也随之抬起；然后将支撑宝宝屁股的手慢慢挪动，让整只手臂支撑宝宝。托住头的手若累了，也可以换成手臂支撑。

换边抱

　　抱宝宝的时候若觉得累了，可以试试换边抱。具体方法为：将支撑宝宝头部的手挪至屁股下方，用单边手臂支撑宝宝；再将支撑屁股的手移动至脖子下方；然后以屁股为轴心，慢慢将宝宝的头转至另一边；最后用手托住脖子下方，慢慢改变宝宝头与身体的方向，并将宝宝的头挪至妈妈手肘的内侧。

放下宝宝

　　与抱起宝宝是相反的步骤。具体方法为：原本用手肘与手臂托住的宝宝的头部与屁股，都挪至手掌上；再从屁股慢慢地将宝宝放下来，妈妈也随之俯身，不应离开宝宝；然后将宝宝的头部放下，在维持这个姿势的基础上慢慢地抽离手。

　　妈妈每天抱新生宝宝的时间最好不要超过 3 小时，每次不超过 30 分钟。妈妈可以选择在宝宝每次睡醒之后抱抱他。抱宝宝的时候，要温柔地跟宝宝说话，让宝宝感到安心。

呵护新生儿的重点部位

新生宝宝全身都非常娇嫩，需要细心呵护，不过有几个身体部位尤其娇嫩，需要更细心、更特别的护理。

囟门的护理

囟门下面是宝宝的脑膜和大脑，损伤囟门可能会伤到宝宝的大脑，所以必须小心呵护。平时在照顾宝宝时，不要用力触碰宝宝的囟门。避免挤压或撞击宝宝的头顶部，尤其应避免尖锐的东西刺伤前囟门。由于囟门处容易堆积污垢，所以需要定期清洗。妈妈可在帮宝宝洗澡时清理囟门，用宝宝专用洗发液轻揉一会儿，然后用清水冲净即可。

脐带的护理

在宝宝肚脐上的脐带未脱落之前需要小心呵护。因为生产时脐带被剪断后会留下一个断面，这个断面很容易被细菌侵入。因此，妈妈每次给宝宝清洁脐带之前都要看一下这个断面有无红肿、感染，如果没什么特别情况，无须额外处理。平时清洁脐带，可用消毒棉球蘸取 75% 的酒精在肚脐窝周围轻轻擦拭。如果肚脐窝发红，可先用 2% 的碘酒消毒，然后用 75% 的酒精擦拭即可。宝宝的脐带自动脱落后，肚脐窝处经常会有少量的液体渗出，可用消毒棉球蘸取 75% 的酒精给肚脐窝消毒，然后盖上消毒纱布，用胶布固定即可。

生殖器的护理

宝宝的生殖器也是非常脆弱的部位，需要妈妈特别的呵护，尤其是女宝宝。妈妈在清洗时，要用柔软的毛巾按照从上往下、从前往后的顺序进行，并且要先清洗阴部，再清洗肛门。清洗时，只需将宝宝外阴清洁干净即可，不可用水清洗里面。男宝宝阴部的护理相对容易得多，清洁的时候，检查一下尿道口有无红肿发炎；若没有问题，只需用温开水清洁阴茎根部和尿道口即可。

1~3个月，宝宝成长的关键期

经过新生儿的阶段后，宝宝的身体功能和对外界的适应能力已经大大加强，宝宝对人和生活中的事物也开始关注，视觉、听觉和语言能力都在发育的初步阶段，体重和身高都在快速增长。

宝宝档案

年龄	生理指标	男宝宝	女宝宝
1个月的宝宝	体重（千克）	3.97~ 5	3.7~ 4.7
	身长（厘米）	52~ 56.2	51~ 55
	头围（厘米）	35.7~ 38.1	35~ 37.4
	胸围（厘米）	34.3~ 37.7	33.6~ 37
	身体发育	听力快速发育，对噪声和大一点儿的声音非常敏感；当父母和宝宝说话交流时，宝宝会出现与说话节奏相协调的运动，如转头、抬手、伸腿等	
2个月的宝宝	体重（千克）	4.7~ 7.6	4.4~ 7
	身长（厘米）	55.6~ 65.2	54.6~ 63.8
	头围（厘米）	37.1~ 42.2	36.2~ 41.3
	胸围（厘米）	36.2~ 43.3	35.1~ 42.3
	身体发育	视觉集中显现越来越明显，头眼开始变得协调，能够注视大人的脸，视线能够跟随鲜明的物体移动；喜欢重复某些元音（啊、啊、哦、哦）	
3个月的宝宝	体重（千克）	5.4~ 8.5	5 ~ 7.8
	身长（厘米）	58.4~ 67.6	57.2~ 66
	头围（厘米）	38.4~ 43.6	37.7~ 42.5
	胸围（厘米）	37.4~ 45.3	36.5~ 42.7
	身体发育	可以用脸部表情、发出声音和肢体语言来表达情绪，还会设法引起他人的注意；能够有目的地看东西，对颜色开始产生分辨能力，可以认出妈妈了；注意力可维持4 ~ 5分钟，记忆力增强；嘴里会不断地发出咿呀的学语声	

适合 1~3 个月宝宝的居室环境

1~3 个月的宝宝身体器官发育不完善，适应外界环境的能力很差，但宝宝对外界的任何事物都感兴趣。如何根据这些特点布置好宝宝周围的环境呢？

首先，婴儿居室应该采光充足，通风良好，空气新鲜，环境安静，温度适宜。宝宝的居室要经常彻底清扫，床上用品也要经常换洗。

其次，1~3 个月的宝宝喜欢看人，尤其喜欢看鲜艳的颜色。家长可在宝宝的小床周围放置一两件色彩鲜艳的玩具，在墙上挂带有人脸或图案的彩色画片。玩具和图画要经常变换，以吸引宝宝的注视。

另外，为了促进宝宝听觉的发展，家长必须注意创造良好的环境。例如：创造一个时而十分安静、时而又有悦耳音乐的环境，让宝宝感到安全舒适；创造语言环境，为发展宝宝的语言能力打下基础。应当让宝宝习惯于听语言，将来逐渐学会分辨语言，说出语言；创造一个没有噪声的环境，这对宝宝神经系统的正常发育非常有好处。因为噪声会使宝宝感到惊恐不安，甚至损害宝宝的听力。

定时给宝宝做清洁

洗脸和洗手

随着宝宝的成长，小手开始喜欢到处乱抓，加上宝宝新陈代谢旺盛，容易出汗，有时还把手放到嘴里，因此宝宝需要经常洗脸、洗手。首先，给宝宝洗手时动作要轻柔。因为这时的宝宝皮下血管丰富，而且皮肤细嫩，所以妈妈在给宝宝洗脸、洗手时，动作一定要轻柔，否则容易使宝宝的皮肤受到损伤，甚至发炎。

其次，要准备专用洁具。为宝宝洗脸、洗手，一定要准备专用的小毛巾、专用的脸盆，在使用前一定要用开水烫一下。洗脸、洗手的水温度不要太热，只要和宝宝的体温相近就行了。

此外，要注意顺序和方法。给宝宝洗脸、洗手时，一般顺序是先洗脸，再洗手。妈妈或爸爸可用左臂把宝宝抱在怀里，或直接让宝宝平卧在床上，右手用洗脸毛巾蘸水轻轻擦洗，也可两人协助，一个人抱住宝宝，另一个人给宝宝洗。洗脸时注意不要把水弄到宝宝的耳朵里，洗完后要用洗脸毛巾轻轻蘸去宝宝脸上的水，不能用力擦。由于宝宝喜欢握紧拳头，因此洗手时妈妈或爸爸要先把宝宝的手轻轻扒开，手心手背都要洗到，洗干净后再用毛巾擦干。一般来讲，此期间的宝宝洗脸不要用香皂，洗手时可以用婴儿香皂。洗脸毛巾最好放到太阳下晒干，可以借太阳光来消毒。

洗头和理发

给宝宝洗头一般每天1次，在洗澡前进行。可根据季节适当调整，如在炎热的夏天，宝宝出汗多，可在每次洗澡时都洗一下头，但不用每次都用洗发水，只用清水淋洗一下就可以了。在寒冷的冬季可2~3天洗1次。洗头时，父母可把婴儿挟在腋下，用手托着婴儿的头部，然后用另外一只手为婴儿轻轻洗头。注意不要让水流到婴儿的眼睛及耳朵里面。洗完后用柔软的毛巾擦干头发，并用棉签将溅入耳朵的水吸干。

给宝宝理发可不是一件容易的事，因为宝宝的颅骨较软，头皮柔嫩，理发时宝宝也不懂得配合，稍有不慎就可能弄伤宝宝的头皮。由于宝宝对细菌或病毒的感染抵抗力低，头皮的自卫能力不强，所以宝宝的头皮受伤之后，常会导致头皮发炎或形成毛囊炎，甚至影响头发的生长。

给宝宝穿衣的方法

很多宝宝不喜欢换衣服，所以应该尽量在他们的衣服弄脏或弄湿时再换——假如宝宝白天穿的衣服很干净，晚上便无须另外换睡衣。特别是最初的几个月，换衣时一定要保持房间温暖，并且每次都应该先把宝宝抱到非常舒适的地方。

在换衣时，动作尽量轻柔、迅速，不要手忙脚乱（多加练习，动作自会慢慢熟练起来）。倘若宝宝在光着身子时显得十分沮丧，可以给他披一条小毛巾，这样他会更加安心。

在给宝宝穿衣时，如果坚持和他进行眼神的交流、聊天或给他唱歌，将大有帮助。等到宝宝再大一些时，你还可以将穿衣变成一项游戏——当你把睡衣从宝宝的头上拉下时，你可以和他玩躲猫猫的游戏。

在给宝宝穿背心或紧身衣裤时，尽量用手撑开衣物的领口，这样在把衣服往宝宝头上套时更加轻松，而且还能避免衣服刮到宝宝的鼻子或耳朵。套衣服时动作尽量快，因为宝宝不喜欢自己的脸长时间被遮住。

如果是长袖衣服，应尽可能地把袖子往上拉拢。手指穿过袖子，轻轻握住宝宝的小手，将袖子往他的胳膊上套，而不要用力拉着宝宝的小胳膊往袖子里穿。穿好一只衣袖后用同样方法再穿另一只。

穿连裤紧身睡衣时，先解开所有的扣子，将衣服平放在床上。把宝宝抱到衣服上来，轻柔而灵活地把裤脚穿到宝宝的脚上，按之前的方法再穿上衣袖，最后从脚部往上扣好衣扣。

给宝宝换尿布

因为男宝宝、女宝宝的生理方面有差异，所以，在给宝宝换尿布时就出现了方法差异，具体如下：

给男宝宝换尿布

在给男宝宝换尿布的时候，可以先把尿布在宝宝的阴茎处稍微停留几秒钟，避免在打开尿布的一瞬间宝宝尿得到处都是。

打开尿布之后，先用纸巾把粪便清理干净，再用柔软的毛巾蘸上温水，在宝宝的小肚子、大腿、睾丸、会阴和阴茎部分仔细擦拭。最后举起宝宝的双腿，把肛门、屁股擦拭一遍后换上干净的尿布。

　　给男宝宝换尿布特别要注意一些容易被忽视的"卫生死角"的清洁，如鼠蹊部、睾丸等，特别是睾丸。如果睾丸处皮肤长期处于一种潮湿的非清洁状态，除了会让宝宝的肌肤受到极大的伤害之外，还会为宝宝的生殖健康带来一定的危害。

给女宝宝换尿布

　　给女宝宝换尿布，在打开尿布、用纸巾清理粪便、擦拭干净后，用柔软的毛巾蘸上温水，在宝宝的小肚子、大腿、外阴部仔细擦拭。清洗完毕后要立即用毛巾把小屁股包起来，以免宝宝着凉。然后再举起宝宝的双腿，擦干肛门和小屁股之后换上干净的尿布。

　　在把女宝宝的肛门清理干净之后，必须要用温水再清洗一下，因为如果只是使用擦拭的方式的话，还是会留下一些排泄物在皮肤上。

婴儿流口水的处理方法

　　流口水，在婴儿时期较为常见。其中，有些是生理性的，有些则是病理性的，应加以区别，采取不同的措施，做好家庭护理。

生理性流口水

　　三四个月的婴儿唾液腺发育逐渐成熟，唾液分泌量增加，但此时孩子吞咽功能尚不健全，口腔较浅，闭唇与吞咽动作尚不协调，所以会经常流口水。而孩子长到六七个月时，正在萌出的牙齿会刺激口腔内神经，加上唾液腺已发育成熟，唾液大量分泌，流口水的现象将更为明显。不过，生理性的流口水现象会随着孩子的生长发育自然消失。

病理性流口水

　　当孩子患某些口腔疾病如口腔炎、舌头溃疡和咽炎时，口腔及咽部会十分疼痛，甚至连咽口水也难以忍受，唾液因不能正常下咽而不断外流。这时，流出的口水常为黄色或粉红色的，有臭味。家长发现这种情况后，应带孩子去医院检查和治疗。

养成良好的睡眠习惯

宝宝的昼夜规律尚未建立起来，晚上经常会醒来喝奶，有些宝宝晚上比白天还要清醒，容易哭闹，严重影响父母的睡眠。家长在白天可以让宝宝多玩，晚上让宝宝镇定下来，睡个好觉，时间一长，生物钟就会形成，睡眠颠倒的现象也会减少。此外，宝宝晚间睡觉时不可养成过于依恋妈妈的情况，为了养成良好的睡眠习惯应让宝宝自动睡觉。此外，为了促进宝宝的发育，睡觉时不宜做下面两件事情。

不宜让宝宝含乳头睡觉

有些年轻妈妈为了哄宝宝睡觉，常常把乳头放在宝宝嘴里，让宝宝边吃奶边睡觉，结果，往往宝宝睡着了，嘴里还含着乳头，这种做法是不适当的。

因为婴儿鼻腔狭窄，睡觉时常常口鼻同时呼吸，含乳头睡觉则有碍口腔呼吸，而且这种不良习惯还可能影响孩子牙床的正常发育以及口腔的清洁卫生。另外，母亲熟睡后不自觉地翻身可能会压迫到睡在身旁含着奶头的宝宝，而宝宝本身又无反抗、自卫的能力，易造成窒息死亡。

经常让宝宝含着乳头睡觉，还容易使母亲的乳头开裂，并且容易养成宝宝离开乳头就睡不着觉的坏习惯。

有含乳头睡觉习惯的宝宝应及时调整过来。临睡前，妈妈应尽量喂饱宝宝，睡觉时也可以用安抚奶嘴代替乳头，但宝宝1岁后就应该停止使用。

宝宝睡觉时不宜戴手套

宝宝出生后指甲也开始慢慢生长，但是宝宝很容易把自己的脸抓伤，有些妈妈就给宝宝戴上手套。戴手套看上去好像可以保护新生婴儿的皮肤，但从婴儿发育的角度看，这种做法直接束缚了孩子的双手，使手指活动受到限制，不利于触觉发育。

毛巾手套或用其他棉织品做的手套，如里面的线头脱落，很容易缠住孩子的手指，影响手指局部的血液循环，如果发现不及时，有可能引起新生儿手指坏死而造成严重后果。

婴儿晒太阳应注意的事项

孩子满月以后，即可常抱出户外晒太阳。

▶ 时间以上午 9~10 点为宜，此时阳光中的红外线强、紫外线偏弱，可以促进新陈代谢；下午 4~5 点时也比较好，因为此时紫外线中的 X 光束成分多，可以促进肠道对钙、磷的吸收，增强体质，促进骨骼正常钙化。

▶ 晒太阳时，应尽量暴露皮肤，让宝宝躺好，先晒背部，再晒两侧，最后晒胸部及腹部。开始时，每侧晒 1 分钟，以后逐渐延长。

▶ 不要隔着玻璃晒太阳。有的妈妈怕宝宝受风，常隔着玻璃让宝宝晒太阳，但玻璃可将阳光中 50%~70% 的紫外线给阻拦在外，因而降低了日光浴的功效。如要避风，可选择背风地带。

眼睛的护理

清理眼屎。这个阶段宝宝的内眼角每天都会分泌眼屎，妈妈可用宝宝专用的毛巾蘸着温水由内往外擦拭宝宝的眼角，擦拭完后要将毛巾清洗干净。妈妈也可用消毒棉签清理。

防止强光直射眼睛。宝宝从妈妈的子宫来到外面的世界，对光有一个适应的过程。在带宝宝进行户外运动时，不可在阳光强烈的时候出去，也不要让宝宝接触强烈的灯光。

不要让宝宝看电视。电视打开后，显像管会发出一定量的 X 光线，宝宝对这种光线很敏感，长期看电视，会使宝宝出现精神不振和食欲不振的现象，还会影响发育。

防止异物进入眼睛。平时要防止沙尘、小虫等进入宝宝的眼睛，尤其是夏天和有污染的天气更要注意。异物进入眼睛后，可用消毒棉沾温水清洗宝宝眼睛，不可用手揉擦。

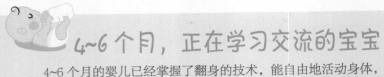

4~6个月，正在学习交流的宝宝

4~6个月的婴儿已经掌握了翻身的技术，能自由地活动身体，可以伸手拿自己喜欢的东西，这也意味着，家长需要更用心去照顾宝宝，以免宝宝受到不必要的伤害。

宝宝档案

年龄	生理指标	男宝宝	女宝宝
4个月的宝宝	体重（千克）	5.9~9.1	5.5~8.5
	身长（厘米）	59.7~69.5	58.6~68.2
	头围（厘米）	39.7~44.5	38.8~43.6
	胸围（厘米）	38.3~46.3	37.3~44.9
	身体发育	已经能用手臂支撑起头部、胸部，开始牙牙学语；已经认识一些熟悉的物品，用不同的声音表达情绪，记忆力增强；口水增多，还不会吞咽	
5个月的宝宝	体重（千克）	6.2~9.7	5.9~9
	身长（厘米）	62.4~71.6	60.9~70.1
	头围（厘米）	40.6~45.4	39.7~44.5
	胸围（厘米）	39.2~46.8	38.1~45.7
	身体发育	可以翻身了，仰卧时很容易就可以让人拉着站起来；对爸爸妈妈更加亲近，见到他们时会流露出高兴的神态；宝宝喜欢将玩具、自己的脚丫放到嘴里，会用手和舌头触碰牙龈	
6个月的宝宝	体重（千克）	6.6~10.3	6.2~9.5
	身长（厘米）	64~73.2	62.4~71.6
	头围（厘米）	41.5~46.7	40.4~45.6
	胸围（厘米）	39.7~48.1	38.9~46.9
	身体发育	开始学爬的姿势，手腕会转动了，翻身更加自如；会寻找声音的来源，在听到别人叫自己的名字时，会寻找声音的来源，能理解一些反复使用的词语	

加强对宝宝的照顾

这个阶段的婴儿，白天醒着的时间增多，而且已经可以自己翻身。手会到处摸来摸去，还会放到嘴里去；脚会踢来踢去，晚上还会蹬被子。这时的宝宝极其好动，因此父母要加强对宝宝的照顾。

随着宝宝运动能力的增强，父母可以给孩子进行一定的训练，但是要注意玩具和环境的安全，并要给玩具消毒。不要把危险物品放在宝宝能触摸到的地方。在饮食方面，要开始逐渐给宝宝添加辅食，也要注意食品的安全和卫生。

一般在宝宝 3 个月之后，很多妈妈都要上班了，所以就必须要请新的看护者或者家人来照顾宝宝。但是宝宝却在这个时期学会认生了，尤其是近 6 个月时，很多宝宝对陌生人开始躲避，怕医生、护士和保育人员，也怕新来的保姆。遇到这种情况，会将脸扑向妈妈怀中，表现出害怕或者哭闹的情绪，但是能记住生活在一起的熟人，如爷爷、奶奶及有来往的亲戚。所以妈妈如在此阶段要上班，就应及早安排，早请保姆或家人来，慢慢与宝宝接触，待新的看护者和宝宝熟悉之后，妈妈才能上班。

选择合适的玩具

玩具要安全。给宝宝的玩具不要是玻璃等易碎的材质，玩具的涂料应是无毒的。玩具上不应有尖锐的角，以免划伤宝宝，也不应装饰过长的绳索或带子，以免缠绕宝宝的脖颈。选购玩具时还要注意大小，宝宝容易将太小的玩具放入嘴里，可能引发危险。

保持玩具的清洁。玩具掉在地上或沾上宝宝的口水后，很容易滋生细菌，因此妈妈要经常清洗玩具，还要消毒。

乳牙期的口腔护理

有些父母认为乳牙迟早要换成恒牙，因而忽视对婴儿乳牙的保护。这种认识是错误的。如果婴儿很小乳牙就坏掉了，与换牙期间隔的时间就会变长，这样会对婴儿产生一些不利的影响。首先，会影响婴儿咀嚼；其次，可导致婴儿消化不良，造成营养不良和生长发育障碍。此外，还会影响语言能力。

乳牙萌出是正常的生理现象，多数婴儿没有特别的不适，但可出现局部牙龈发白或稍有充血红肿症状。不过，即使出现这些现象，也不必担心，因为这些表现都是暂时性的，在牙齿萌出后就会好转或消失。宝宝出牙期，应注意以下几个方面：

▶ 在每次哺乳、喂食物后，每天晚上，应由母亲用纱布缠在手指上帮助宝宝擦洗牙龈和刚刚露出的小牙。

▶ 牙齿萌出后，可继续用这种方法对萌出的乳牙从唇面（牙齿的外侧）到舌面（牙齿的里面）轻轻擦洗、对牙龈轻轻按摩。

▶ 每次进食后都要给孩子喂点儿温开水，或在每天晚餐后用 2% 的小苏打水清洗口腔，防止细菌繁殖而发生口腔感染。

▶ 可给小儿吃些较硬的食物，如苹果、梨、面包干、饼干等，既可锻炼牙齿又可增加营养。

▶ 不要给宝宝含橡胶奶头作安慰，以免造成牙齿错位。

▶ 宝宝喜欢吃手指，应注意清洗宝宝的手。

宝宝口水多时的处理

在孩子出牙时，流口水会很明显，这是正常的。随着婴儿牙齿出齐，学会吞咽，流口水的现象会逐渐消失。如果孩子没有疾病，只是口水多，就不必治疗，这种情况会随着孩子年龄的增长而改善。

如果孩子流口水过多，可给其戴上质地柔软、吸水性强的棉布围嘴，并经常换洗，使之保持干燥清洁。要及时用细软的布擦干孩子的下巴，注意不要用发硬的毛巾擦嘴，以免下巴发红，破溃发炎。

宝宝的着装要求

由于这几个月龄的宝宝生长发育比较迅速，不仅活动量比以前有了明显增大，而且活动范围和幅度都比以前大大增强，所以妈妈在为宝宝准备衣服时要格外留心。

宜选择宽松易脱的衣服。这个阶段的宝宝，活动量增大了很多，衣服太紧会影响宝宝的呼吸和活动，宝宝的衣服设计宜简单大方、舒适宽松。衣服尽量选购容易脱下来的，因为脱衣服时，宝宝喜欢乱动，不易脱的衣服容易弄伤宝宝。

宜选择棉质面料的衣服。活动时，宝宝容易出汗，选择内衣时，应选质地柔软、通透性能好、吸汗性强的棉质面料，出汗后，衣服要勤换洗。

选择鲜艳、漂亮的衣服。这个阶段，宝宝已经能够感受到陌生人说话的语气，颜色鲜艳、款式漂亮的衣服容易使宝宝得到夸赞，宝宝也会很愉快。

选择安全的衣服。对于这几个月的宝宝来说，有的时候还不能有意识地控制自己的活动，所以服装的安全性也很重要。给宝宝的衣服尽量不要带扣子或其他多余的小饰物，因为这个阶段宝宝喜欢往嘴里放东西，以免出危险。

选择纯棉袜。宝宝的袜子要选择那些透气性能好的纯棉材质的，因为化学纤维制成的袜子不但不吸汗，而且还会令宝宝的脚部皮肤发生过敏。

枕头的选择

从 4 个月开始，宝宝的头与身体的比例逐渐趋于协调，加上宝宝学会抬头后，脊椎也不再是直的了，开始出现生理弯曲，可以给宝宝准备枕头了。宝宝的枕头不宜过大，一般长度略大于肩宽，宽度与宝宝头长差不多。软硬要合适，不能太硬，否则会造成宝宝扁头或扁脸。枕套和枕芯要选吸汗性和透气性好的，而且要经常清洗和晾晒。

防止宝宝蹬被子

许多爸爸妈妈都为宝宝蹬被子而发愁。为了防止宝宝因蹬被子而着凉，爸爸妈妈往往会夜间多次起身"查岗"。其实，宝宝蹬被子有很多原因，如被子太厚、睡得不舒服、患有疾病等，父母应找出原因并采取相应的对策。

首先，睡眠时被子不要盖得太厚，尽量少穿衣裤，更不要以衣代被。否则，机体内多余的热量散发困难，宝宝闷热难受，出汗较多，他就不得不采取"行动"——把被子踢开。其次，在睡前不要过分逗弄宝宝，不要吓唬宝宝，白天也不要让他玩得过于疲劳。否则，宝宝睡着后，大脑皮质的个别区域还保持着兴奋状态，极易发生踢被、讲梦话等睡眠不安的情况。再则，要培养良好的睡眠姿势。

谨防宝宝形成"斗鸡眼"或斜视

宝宝出生后，身体的脏腑器官功能尚未发育成熟，有待进一步完善。眼睛也和其他器官一样，处于生长发育之中。因此，父母需特别注意对宝宝眼睛的保护。现实生活中，父母喜欢悬挂一些玩具来训练宝宝的视觉发育，但如果玩具悬挂不当就会出现一些问题。比如父母在床的中间系一根绳，把玩具都挂在这根绳子上，结果婴儿总是盯着中间看，时间长了，双眼内侧的肌肉持续收缩就会出现内斜视，也就是俗称的"斗鸡眼"。若把玩具只挂在床栏一侧，婴儿总往这个方向看，也会出现斜视。因此，家长给婴儿选购玩具时，最好购买那些会转动的，并且可以吊在婴儿床头上的玩具，这样宝宝的视线就不会一直停留在一个点上。另外，宝宝的房间需要有令人舒适的环境，灯光不宜太强，光线要柔和。

不宜让宝宝久坐

　　当宝宝刚刚学会坐的时候，父母往往希望宝宝多坐一会儿。但是，值得注意的是，让宝宝久坐对宝宝的生长发育是有害的。因为宝宝骨骼硬度小，韧性大，容易弯曲变形。而且体内起固定骨关节作用的韧带、肌肉比较薄弱，尤其是患佝偻病的小儿。如果让宝宝坐得时间太久，无形中就增加了脊柱承受的压力，很容易引起脊柱侧弯或驼背畸形。

　　因此，不宜让宝宝过早地学坐，也不宜让宝宝过久地坐，应鼓励宝宝练习爬行，使全身尤其是四肢的肌肉得到锻炼。

不宜让宝宝太早学走路

　　学走路是每个宝宝必经的阶段，不少父母在育儿的过程中，希望自己的宝宝早走路，于是就过早地让宝宝学站立、学走路，其实这种做法是错误的。

　　由于婴儿发育刚刚开始，身体各组织十分薄弱，骨骼柔韧性强而坚硬度差，在外力作用下虽不易断折，但容易弯曲变形。如果让宝宝过早地学站立、学走路，就会因下肢、脊柱骨质柔软脆弱而难以承受超负荷的体重，不仅容易疲劳，还可使骨骼弯曲变形，出现类似佝偻病样的"O"形腿或"X"形腿。在行走时，为了防止跌倒，宝宝两大腿需扩大角度分得更开，才能求得平衡，这就使得身体的重心影响了正常的步态，时间一长，便会形成八字步，即在行走时，呈现左右摇摆的姿势。

　　由此可见，让宝宝过早站立、过早学走路，都不利于宝宝骨骼的正常发育。因此，应遵循宝宝运动发育的规律，并根据发育的状况，尽量不过早让宝宝站立和走路，而一般应该在宝宝出生 11 个月以后，再让其学走路为宜。

7~9个月，充满好奇心的宝宝

本阶段宝宝的生长发育有了质的飞跃，除了之前学会的坐、翻身外，还学会了爬行，这对宝宝来说是一大进步。宝宝这时对周围人和事物表现出越来越浓厚的兴趣，也会主动跟大人玩了。

宝宝档案

年龄	生理指标	男宝宝	女宝宝
7个月的宝宝	体重（千克）	6.7~9.7	6.3~10.1
	身长（厘米）	65.5~74.7	63.6~73.2
	头围（厘米）	42~47	40.7~46
	胸围（厘米）	40.7~49.1	39.7~47.7
	身体发育	双手、双膝能够支撑起身体前后晃动，站在大人腿上能够稳定地负担起自己的体重；萌出的牙长出了不少，唾液分泌仍然很多	
8个月的宝宝	体重（千克）	6.9~10.2	6.4~10.2
	身长（厘米）	66.2~75	64~73.5
	头围（厘米）	42.2~47.6	42.2~46.3
	胸围（厘米）	41.3~49.5	39.7~47.7
	身体发育	会用四肢爬行，身体可靠着其他物体站立一会儿；听得懂别人叫自己的名字，并会根据指令做一些动作；开始模仿大人的语调，看见熟悉的人会用笑来表示	
9个月的宝宝	体重（千克）	7~10.5	6.6~10.4
	身长（厘米）	67.9~77.5	64.3~74.7
	头围（厘米）	43~48	42.1~46.9
	胸围（厘米）	41.6~49.6	40.4~48.4
	身体发育	可以扶着栏杆在小床里站起来了，可以用大拇指和食指捡东西；发声开始有高低音的出现，会注意听别人说话或唱歌；可咀嚼一些食物了，牙齿又长多了	

纠正宝宝牙齿发育期的不良习惯

在婴儿生长发育期间，许多不良的口腔习惯能直接影响到牙齿的正常排列和上下颌骨的正常发育，从而严重影响婴儿面部的美观。因此，为了让宝宝有一口整齐漂亮的乳牙，爸爸妈妈就应在日常生活中，多纠正宝宝爱叼奶嘴、吃手等不良习惯。

咬物

一些婴儿在玩耍时，爱咬物体，如袖口、衣角、手帕等，这样在经常用来咬物的牙弓位置上易形成局部小开牙畸形（即上下牙之间不能咬合，中间留有空隙）。

偏侧咀嚼

一些婴儿在咀嚼食物时，常常固定在一侧，这种一侧偏用一侧废用的习惯形成后，易造成单侧咀嚼肌肥大，而废用侧因缺乏咀嚼功能刺激，使局部肌肉发育受阻，从而使面部两侧发育不对称，造成偏脸或歪脸现象。

吮指

婴儿一般从 3~4 个月开始，常有吮指习惯，一般在 2 岁左右逐渐消失。由于手指经常被含在上下牙弓之间，牙齿受到压力，使牙齿往正常方向长出时受阻，而形成局部小开牙。同时由于经常做吸吮动作，两颊收缩使牙弓变窄，形成上前牙前突或开唇露齿等不正常的牙颌畸形。

张口呼吸

张口呼吸时上颌骨及牙弓易受到颊部肌肉的压迫，会限制颌骨的正常发育，使牙弓变得狭窄，前牙相挤排列不下引起咬合紊乱，严重的还可出现下颌前伸，下牙盖过上牙的情况，即俗称的"兜齿""瘪嘴"。

偏侧睡眠

这种睡姿易使颌面一侧长期承受固定的压力，造成不同程度的颌骨及牙齿畸形，两侧面颊不对称等情况。

下颌前伸

即将下巴不断地向前伸着玩，可形成前牙反颌，俗称"地包天"。

含空奶头

一些婴儿喜欢含空奶头睡觉或躺着吸奶，这样奶瓶易压迫上颌骨，而婴儿的下颌骨则不断地向前吮奶，长期反复地保持此动作，可使上颌骨受压，下颌骨过度前伸，形成下颌骨前突的畸形。

爬行阶段的注意事项

爬行可以促进宝宝身体的生长发育，训练宝宝身体的协调能力，对学习走路有很大帮助。看到孩子会爬了，又学会了新的本领，父母的喜悦心情无法比拟，但此时更应提醒父母要注意婴儿爬行时的安全和卫生。

爬行的准备

爬行的地方必须软硬适中，摩擦力不可过大或过小，避免使用有很多小拼块的软垫，以免宝宝误食。可以把被褥拿掉，让宝宝直接在床垫上爬。

爬行的安全

宝宝会爬后，家里危险的东西应尽量放在宝宝接触不到的地方，以保证宝宝的安全。

▶ 不要让宝宝离开自己的视线，更不要让宝宝独自爬行。

▶ 家具的尖角要用海绵包起来或套上护垫。

▶ 家里的洗涤用品，要放在宝宝接触不到的地方，以免宝宝误食造成中毒。

▶ 吃饭时，盛好的热粥、菜汤，刚泡好的茶水端上桌后，不要让宝宝靠近桌子，以免宝宝不小心抓到造成烫伤。

▶ 电线、电源开关、插座等不要放在地上或低矮的桌子上，以免宝宝碰触。

▶ 宝宝醒来后，尽量不要让其在有栏杆的婴儿床上玩，以免栏杆挡住宝宝视线，而且宝宝活动时也容易撞在栏杆上，或者手脚被栏杆卡住。

▶ 宝宝的床还应远离窗户，以免宝宝爬上窗台。必要的话，也可以给窗户加上护栏。

爬行的卫生

爸爸妈妈还应将家里各个角落打扫干净，以方便宝宝爬行。此外，不要让宝宝将爬行后的小手直接放入口中，也不要让他用脏手拿东西吃。

爬行的乐趣

为了增加宝宝爬行的乐趣，可以拿一些宝宝喜欢的玩具放在前面吸引宝宝来拿。会动的玩具，如汽车、球类等对已经能熟练爬行的宝宝更具吸引力，宝宝喜欢追逐这些玩具，这样可以让宝宝更多地练习爬行。当宝宝爬到终点时，爸爸妈妈要适时地给予鼓励。

给宝宝擦浴

擦浴是帮助宝宝锻炼的一种形式，适合 6 个月以上的宝宝及体弱儿。擦浴时的室温应保持在 18~20℃，水温在 34~35℃，以后逐渐调为 26℃左右。最好选择中午或下午，在婴儿情绪较好和无疾病的情况下进行。在擦浴时婴儿不可空腹或过饱，空腹不耐寒冷，过饱可因擦浴的按压而引起呕吐。

擦浴须采取循序渐进的方法，即擦拭面积的大小应逐日递增，先局部，后全身，以免婴儿不适；未擦拭的部位用浴巾包裹，擦拭过的部位可暴露在空气中。

擦浴时力度不能过大，以皮肤微微发红为宜；应快速来回反复擦拭，以产生热量，特别是在心前区、腹部、足底部；脐带未脱落前禁止擦拭脐部。

擦浴的时间以 10~20 分钟为宜，时间不能太长，若婴儿哭闹严重，应停止擦浴，寻找原因。家长可以在擦浴时在孩子周围挂一些游动彩球或彩纸条束，锻炼孩子的颈部和眼睛。同时，可用玩具的响声训练孩子的反应能力。

宝宝被蚊虫叮咬后的护理

给宝宝涂止痒药水。宝宝被蚊虫叮咬后，会出现痛痒不适和烦躁不安的情况，妈妈可以按照说明书给宝宝涂专用止痒的药水，擦上药水后应避免宝宝的衣服摩擦皮肤，以防药水被擦掉。

防止宝宝抓伤皮肤。宝宝被叮咬后，会用手抓挠伤口处，抓破后容易引起感染，因此妈妈要看住宝宝，尽量不要让其抓挠，还应剪短宝宝的指甲，以防抓伤皮肤。

症状严重需就医。有些蚊虫毒害性大，宝宝皮肤比较敏感，被咬后，没有得到及时护理，会出现严重的症状。这就需要家长带着宝宝去医院就诊，在医生的指导下服用或涂抹消炎药物，并对伤口进行清洗和消毒。

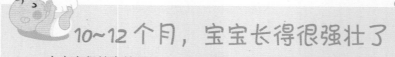

10~12个月，宝宝长得很强壮了

宝宝变得越来越强壮了，宝宝的好奇心使得他喜欢到处乱动，但爸爸妈妈不可因此认为宝宝太调皮需要管教，对宝宝的好奇心和行为加以遏制，这样可能会阻碍宝宝思维与运动能力的发展。

宝宝档案

年龄	生理指标	男宝宝	女宝宝
10个月的宝宝	体重（千克）	7.4~11.4	6.7~10.9
	身长（厘米）	68.7~77.9	66.5~76.4
	头围（厘米）	43.5~48.7	42.4~47.6
	胸围（厘米）	42~50	40.9~48.8
	身体发育	可以扶着物体从站立到坐下了，不用大人陪，能独立玩耍一段时间；能够听懂一些妈妈说的话，可以根据指令做动作；可能已长出2颗下牙和4颗上牙，咀嚼能力增强	
11个月的宝宝	体重（千克）	7.7~11.9	7.2~11.2
	身长（厘米）	70.1~80.5	68.8~79.2
	头围（厘米）	43.7~48.9	42.6~47.8
	胸围（厘米）	42.2~50.2	41.1~49.1
	身体发育	可从蹲的姿势转换为站姿，开始学习迈步走，能发出"爸""妈"的声音；能和家人一起看图画书、做游戏，自我意识增强；可能已长出8颗乳牙	
12个月的宝宝	体重（千克）	8~12.2	7.4~11.6
	身长（厘米）	71.9~82.7	70.3~81.5
	头围（厘米）	43.9~49.1	43~47.8
	胸围（厘米）	42.2~50.5	41.4~49.4
	身体发育	能在家人的搀扶下走路，手的抓握能力有所加强；会模仿爸爸妈妈，喜欢与人交往；牙齿可以咀嚼有一定质感的食物	

宝宝开口说话晚不必惊慌

婴儿说话的早晚因人而异，通常婴儿1岁时会发简单的音，如会叫"爸爸""妈妈""奶奶""吃饭"和"猫猫"等。但也有的孩子在这个年龄阶段不会说话，甚至到了1岁半仍很少讲话，可是不久可能就突然会说话了，并且一下子会说许多话，这都属于正常。

孩子对词语的理解力应该说在出生后的第一年就已经开始了。婴儿在5~6个月时，如唤其名字就会回头注视；7~9个月的婴儿叫其名字就会做出寻找反应，大人叫婴儿做各种动作（如欢迎、再见）时，他都能听懂并会做，这些都是婴儿对语言理解的表现做出的反映。而婴儿语言的发展是从听懂大人的语言开始的，听懂语言是开口说话的准备。若1岁左右的孩子能听懂大人的语言，能做出相应的反应，并会发出声音及说简单的词，这就可以放心，他能学会说话，只是迟早的问题。影响语言发育的因素，除婴儿的听觉器官和语言器官外，还有外在的因素，所以大人要积极为婴儿的听和说创造条件，在照看孩子时多和孩子讲话、唱歌、讲故事，这些都会促进婴儿对语言的理解，促使其开口说活。

特别需要提醒的是，许多对孩子过分关注的妈妈，凭着母爱的本能和敏感性，总是在宝宝还没说出需要什么东西之前就抢先满足孩子的愿望。当孩子发现不用说话也能满足自己的需要时，他也就懒得说话了。这种过度保护型的教养方式，让孩子失去了许多开口说话的机会，其结果是孩子开口说话晚、表达能力差。这是许多"爱心"妈妈应该注意的。

不要让宝宝形成"八字脚"

"八字脚"就是指在走路时两脚分开像"八"字，是一种足部骨骼畸形，分为"内八字脚"和"外八字脚"两种。造成"八字脚"的原因是婴儿过早地独自站立和学走。因婴儿足部骨骼尚无力支撑身体的全部重量，从而导致婴儿站立时双足呈外撇或内对的不正确姿势。

为防止出现"八字脚"，不要让婴儿过早地学站立或行走，可用学步车或由大人牵着手辅助学站、学走，每次时间不宜过长。如已形成"八字脚"，应及早进行纠正练习，在训练时家长可在孩子背后，将两手放在孩子的双腋下，让孩子沿着一条较宽的直线行走，且行走时要注意使孩子膝盖的方向始终向前，使孩子的脚离开地面时持重点在脚趾上，屈膝向前迈步时让两膝之间有一个轻微的碰擦过程。每天练习 2 次，只要反复练习，便可纠正"八字脚"姿势。

防止宝宝摔倒

生活中不管你有多细心，宝宝都可能会在不经意间摔倒。身体受伤，这种伤痛很难避免，而妈妈们能做的就是将宝宝摔伤的次数降到最低。

防止宝宝摔倒的最好办法就是给他开放的空间。把房间收拾干净，将所有危险物品拿开，把宝宝能搬动、爬得上的桌椅藏起来，最好不要靠窗摆放。带宝宝出去玩时，一定要避开人多、车多的地方，以免被突如其来的行人和车辆撞倒。婴儿行走的路面要平坦，最好是草地或土地。宝宝玩耍时应避开剧烈运动和超前运动，另外，父母需为宝宝选择舒适合脚的鞋子。

宝宝摔伤了，首先要检查皮肤有无裂口出血，有无骨折的征象。如果宝宝轻度摔伤，如擦破了点儿皮或流一点血，不要惊慌。这时需要用清水清洗伤口，直至将伤口处的附着物洗干净为止，然后可以涂上一点儿碘酒或碘氟消毒。一旦宝宝磕掉了牙或摔得鲜血直流，最好不要耽误时间，应赶紧把宝宝送往医院，给予及时的治疗。

宝宝入睡后打鼾的护理

宝宝的正常呼吸应是平稳、安静且无声的，所以当婴儿睡觉时呼吸出声，自然会引起父母特别的关注。

如面部朝上而使舌头根部向后倒，半阻塞了咽喉处的呼吸通道，以致气流进出鼻腔、口咽和喉咙时，附近黏膜或肌肉产生振动就会发出鼾声。而孩子长期打鼾，常见的原因是扁桃体和增殖腺肥大，其他的原因包括鼻子敏感和患鼻窦炎。体胖也是主因之一。另外，孩子长期打鼾与父母遗传也有一定关系，长期打鼾的孩子，父母常是鼻子敏感或鼻窦炎患者。

宝宝打鼾的处理方法：

1 首先让宝宝保持睡姿舒适，对于打鼾的宝宝可尝试着让其头侧着睡，或趴着睡，这样舌头不至过度后垂阻挡呼吸通道。

2 如果鼻口咽腔处的腺状体增生或是扁桃体明显肥大，宝宝打鼾严重，甚至影响睡眠质量和宝宝的健康，可考虑手术割除。

3 当试用上述方法不见效时，要及时找医生仔细检查，看鼻腔、咽喉或下颌骨部位有无异常。

1~2岁，快乐的成长期

宝宝1岁后，身体发育开始趋向稳定，身体的比例也越来越协调。囟门会逐渐闭合，牙齿开始萌出。宝宝的生长发育虽有着大致的规律，但也会有自己的特点。

宝宝档案

年龄	生理指标	男宝宝	女宝宝
1~1.5岁的宝宝	体重（千克）	9.1~13.9	8.5~13.1
	身长（厘米）	76.3~88.5	74.8~87.1
	头围（厘米）	44.2~50	43.3~48.8
	胸围（厘米）	43.1~51.8	42.1~50.7
	身体发育	1岁前后开始长出板牙，16~18个月开始长出尖牙，18个月大多已长出12颗牙。开始有独立的思维，会表现自己的喜恶；能够用简单的词来表达想要表达的意思；记忆力也大大地提高。走路不易跌倒，能弯腰捡东西；用笔乱画；能用积木搭起四层塔；会用手翻书	
1.5~2岁的宝宝	体重（千克）	9.9~15.2	9.4~14.5
	身长（厘米）	80.9~94.4	79.9~93
	头围（厘米）	45.2~50.6	44.3~49.2
	胸围（厘米）	44.4~52.8	43.3~51.7
	身体发育	20个月后长出2颗板牙，21个月时，出牙快的宝宝已经有20颗牙齿，出牙慢的也有16颗牙齿。语言能力增强，可以用两个词语来造句，能清楚表达自己的意思，对新奇的世界充满好奇，喜欢提问。能自如地走和跑；可以进行搭积木或折纸等精细的手部活动；能自己穿戴简单衣物、吃饭	

避免宝宝坠床

宝宝学会走路之后，由于四肢的活动量逐渐增加，对于肌肉控制的精准度也会经由练习更加熟练，同时随着视野空间的拓展，宝宝想探索和触摸的比以往来的更多，以至于稍不注意，宝宝很容易就会因为翻身或意图爬过床围而掉下来，造成摔伤。其实避免宝宝坠床的方法很简单，只需要爸妈稍微细心一点儿，仔细为宝宝准备安全的游戏及睡眠环境，就够能做到。

首先，不要让宝宝睡在父母的床上，由于没有护栏，宝宝很可能在爸妈不在现场的时候滚落到床下。家长应当给宝宝购买专门的小床，让宝宝睡在自己的小床上，床距离地面不要太高，保持在 50 厘米以下，这样即使掉下来，宝宝也不至于摔得太重。

现在供宝宝使用的小床一般都装设了护栏，能够对睡觉的宝宝起到预防坠床的作用，如果没有，爸妈可自己选购一些安全的护栏，将之加装在小床边，以避免宝宝不慎跌落。此外，爸妈们必须注意，小床所使用的护栏，其间隔距离必须要在 9 厘米左右、高度不低于 60 厘米，才能够避免宝宝翻越，又能方便宝宝观察外面世界的动静，还不至于出现宝宝头部或身体被卡住的危险情况。

为了能够万无一失，还可以在护栏的周围围上一圈柔软、防撞的床围，当宝宝睡觉或玩耍时，铺上床围防止宝宝变换姿势时，不慎失衡的撞击。

同时也需要在宝宝的床边地面上铺上一些具有缓冲作用的物品，如海绵垫、棉垫、厚毛毯等，即使宝宝掉下来也不会直接撞在地板上，出现严重损伤。

另外，因为宝宝未满 3 岁，最好一直有成人在旁监护，如果爸妈有事须暂时离开，最好将宝宝移至地面上玩耍。若宝宝睡着了，可以在床顶或者护栏上绑上小铃铛，这样当宝宝醒来活动时，小铃铛会提醒监护人，宝宝醒来了。

训练宝宝自己上厕所

宝宝 1 岁后，妈妈可以开始对宝宝进行大小便自理训练。但在进行排便训练的时候，妈妈一定不要操之过急，因为每个宝宝之间都会存在个体差异。

通常女孩比男孩会更早学会使用便盆，而宝宝是否适合使用便盆可以从以下方面判断：当爸妈按照往常的固定时间更换尿布时，发现尿布还是干的，这意味着宝宝的膀胱能够大量地储存尿液。另外，宝宝能够发出要上厕所的讯息，能够自己穿、脱裤子的时候，也是教宝宝入厕的成熟时机。

一开始，宝宝还不能适应便盆，爸妈可以把便盆放在洗手间的马桶旁边，每当替宝宝换尿布的时候，就让宝宝坐在便盆上熟悉一下。还有可能宝宝会一下想用便盆，一下想用尿布，此时爸妈不应责备他，而是继续鼓励宝宝使用便盆。

关心爱护、理解尊重是幼儿自尊心发展的必要条件。经常得到别人尊重的幼儿，更易发展自尊自爱的情感。而刚开始学习如厕的这个时期，有些宝宝的自尊心发展较为强烈，对于如厕时机失准，会有沮丧或生气的情绪出现。此时爸妈应坚持正面教育的原则，多以爱和耐心鼓励宝宝。同时，对于他的缺点和错误，要进行善意的帮助，包容宝宝在训练过程中的失误，不能当众严厉的批评，若过度责骂、嘲弄，会使宝宝在训练过程中受挫，不但会让宝宝因此害怕坐上便盆、恐惧上厕所，长大后可能还会有顽固、害羞等后遗症出现。

此外，爸妈在选购便盆的时候要注意男女有别，男宝宝的便盆前面要有一个挡板，避免宝宝尿尿的时候洒出来。并且坐便盆的时间不宜过长，也不能一边便便一边玩玩具或做其他事情，这样容易让宝宝分散注意力，忘记自己正在做的事情，不利于养成正常的排便习惯。

让宝宝远离噪声

对宝宝而言，无论从时空上，抑或是效果上看，对其身心发展影响最直接深刻、最持久的就是家庭环境。在宝宝所处的环境中，耳朵如果长期听到的是令人烦躁的声音，对宝宝的成长将非常不利。而噪声是指一些发声不规律、单调、机械的声音，其污染主要来自交通、工业和生活三方面，由交通工具使用过程、建筑施工过程、生活周围环境或家庭里各种电器工作时所发出的声响，超过一定范围就成为噪声，如马路上的汽车鸣笛声、机场附近的飞机起降声、装修时使用的电钻或敲击的噪声，或附近社区住户大声交谈吵闹，以及汽车防盗铃响、老化的家用电器运转时发出的声响等，这些都不宜出现在爸妈为宝宝创造的生活环境周围。

此时期的宝宝正处于牙牙学语阶段，正尝试模仿声音、学习用声音与人互动或表达意念，以沟通和爸妈创建精神环境，而噪声的出现，会让宝宝的听觉敏感度降低，尤其无法区分低分贝的声音，对宝宝此刻的正在发展的听说能力有很大影响。并且还会让宝宝出现听觉疲劳、听力减弱、注意力降低等症状，长期下来将影响宝宝智力的发育。另外，噪声亦会影响到宝宝的情绪，容易产生暴躁的情绪，做事没有耐心，降低学习能力。

因此爸妈要对此多加注意，不要让宝宝长期处在人多嘈杂的地方，平时多放一些舒缓的纯音乐给宝宝听，或多看着宝宝的眼睛和宝宝交谈，以单纯的声音安抚宝宝的情绪。

2~3岁，入园前的准备

2岁以后，同龄孩子之间的身高和体重差异会增大，有的孩子可能长得很快，有的孩子则长得比较缓慢，但只要身体健康，到3岁时孩子的生长速度一般可恢复正常。

宝宝档案

年龄	生理指标	男宝宝	女宝宝
2~2.5岁的宝宝	体重（千克）	11.2~15.3	10.6~14.7
	身长（厘米）	84.3~95.8	83.3~94.7
	头围（厘米）	46.2~51.2	45.1~50
	胸围（厘米）	46.1~54.6	45.1~53.1
	身体发育	2.5岁时，发育快的幼儿20颗乳牙已基本出齐，但咀嚼和消化能力有限，只能咀嚼软食。能分清两种以上的颜色，对大和小等概念非常明确；可以开始进行益智训练；能学会背诵简单的诗歌、学跳简单的舞蹈。肌肉发育结实，可灵活地玩拍球、接球的游戏，能单腿站立，跳跃，熟练使用勺子	
2.5~3岁的宝宝	体重（千克）	12.1~16.4	11.7~16.1
	身长（厘米）	88.9~98.7	87.9~98.1
	头围（厘米）	46.8~51.7	45.7~50.6
	胸围（厘米）	46.8~55.2	45.7~53.7
	身体发育	3岁时，20颗乳牙全部出齐，咀嚼和消化能力提高，可尝试成人化饮食，但食物需加工成小块。会用笔画图；有一定判断能力，能简单判断好、坏；开始与周边的其他小朋友有初步的交往；还能时不时地给父母帮点儿小忙。可以控制大小便；能自己独立穿戴衣物；愿意参加集体活动，能完整地跳一支舞	

让宝宝爱上刷牙

2岁后的宝宝已经有了16~20颗乳牙，爸妈可以放手让他们尝试自己刷牙，再经由爸妈的口头指导，练习把牙刷得更干净。

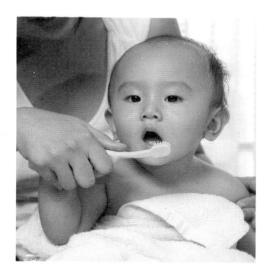

首先需要让宝宝对着镜子，张开嘴仔细观察自己已经长出的乳牙，再准备一杯清水或者淡盐水，将牙刷沾上水后，采用一次刷两颗牙、上下刷的刷法进行练习，再把牙刷横着伸进口腔，绕着圆圈上下刷。待两边牙齿的外侧全都完成之后，再张大嘴，按照由后往前的顺序刷牙齿内侧，然后轻轻地刷上下牙齿的接触面。接着漱口，清洁牙刷。最后，要由爸妈用牙线仔细地替宝宝清洁牙缝，避免蛀牙，然后再替宝宝重新刷一次牙，才算结束。

宝宝年龄越小，神经系统的可塑性越大，各种好习惯就越容易被养成，所以爸妈应该抓住培养的关键时期，细致地教宝宝刷牙，还要准备宝宝自己喜欢的牙刷和杯子，并时不时鼓励宝宝，给宝宝正面回馈，如："今天刷牙刷得真仔细，宝贝牙齿亮晶晶！"或"牙齿和嘴巴都香喷喷的呢！"让宝宝喜欢上刷牙，让宝宝养成良好的口腔护理习惯。

此外，爸妈是无声的榜样，要以榜样的力量去感染、影响宝宝，就算有些宝宝不喜欢有异物伸进口腔，爸妈还是要每天坚持早晚和宝宝一起刷牙，不能"三天打鱼、两天晒网"，并且以各种方式督促宝宝早晚各刷一次牙。

温馨提示

2岁左右的宝宝漱口动作还不太熟练，不太会吐出泡沫，所以不一定要使用牙膏刷牙，光用清水也可以。

给宝宝选择合适的衣服

2岁宝宝衣服的样式和面料有更多的选择，家长为宝宝选择衣服的原则是舒服、简洁、大方，兼顾实用与美观。此外，宝宝正在性别认识的敏感期，千万不要给宝宝做异性的打扮，这样会混乱和扭曲宝宝的性别意识。

让宝宝自己挑衣服

服装是人类的基本生活必需品，最主要的功能应该是保护人，使之身体健康。夏日炎炎，要求服装凉爽防暑；寒冬凛冽，要求衣物保暖防寒。对宝宝来说，服装保护身体的作用更为重要。同时，穿着打扮也是生活中的一个重要方面，服装的样式和颜色能体现个人的文化修养和审美情趣，让宝宝挑选衣服，也是一种训练宝宝表达自我的方式。所以，为宝宝选择适当的衣服应受到家长的重视。要使宝宝的穿着与时代与生活相互协调，同时也要有利于宝宝的肢体伸展与健康发展。

挑衣服的原则

整体来说，挑选宝宝的衣服，主要是从质地、样式和色彩上做选择。

宝宝正处于生长发育的关键期，新陈代谢旺盛，活动量大，易出汗，而最贴近宝宝皮肤的是纯棉的衣服，既贴身又吸汗，所以最好为宝宝购买纯棉的内衣、内裤、袜子等。

外衣则要选用防污、易清洗、不易刮破的面料，同时也需要注意舒适性与透气性。一般来说，动物纤维和植物纤维的织品通气性、吸水性好，能帮助宝宝调节体温，有利于体热的散发。

衣服的样式和色彩可以按照宝宝的喜好来选择，给宝宝选择权，让宝宝对挑选衣物更有参与感。如果宝宝没有个人要求，爸妈则可从保暖、舒适、透气、款式简洁大方、得体、线条流畅、色彩协调等几个方面来挑选，以表现宝宝的天真与童趣，穿着也舒服。

值得注意的是，因为宝宝好动，应该要避免购买过大或过小的衣服。过小的衣服影响宝宝发育，过大的衣服则容易影响宝宝活动，适合的尺寸容易让宝宝自己穿脱，协助宝宝练习生活自理能力。

给宝宝衣服选择权的诀窍

每个孩子都有自己的性格和审美观，对于喜欢的东西也很直接，于是给了宝宝挑选衣服的选择权后，宝宝把自己穿得五彩缤纷或不合时节的例子经常出现，对于爸妈的建议又经常一概拒收，让人头疼。但是因此就要收回给宝宝的自主权吗？

其实爸妈让宝宝做衣物穿着选择时是有些诀窍可以遵循的。首先，爸妈可以先判断天气、温度，替宝宝挑出一些合宜的衣服，搭成二至三套，再让宝宝从中选择一套想穿的。这样不仅满足了宝宝能够自主的心理，久而久之，还能让宝宝从中了解如何判断冷热时适合的穿着，并且可以培养宝宝平时对衣物搭配的基础审美观。

注意衣服的性别

宝宝性别意识的确立，是透过自身学习和环境影响而形成的，学习榜样就是与他生活密切相关、经常见到的人，如爸妈、祖父母、老师、经常往来的阿姨叔叔，以及各种传播媒介中的人物形象等，这些都为宝宝提供了观察、模仿、学习的样板，在宝宝的身上常常体现出这些对象留下的烙印。

2岁半左右的宝宝就开始会关注自己的性别，当他看见同龄人的时候会发现，有的穿着打扮和自己差不多，有的则和自己不一样；游泳的时候也会看到有的孩子身体结构和自己的不同。由此可见，要让宝宝明白自己的性别，必须要给予同性别的正常打扮。

给宝宝异性打扮是直接干涉了宝宝对于性别角色的学习，对宝宝性别角色的发展极为有害，长久下来，宝宝处在生理性别和性别角色割裂的状态中，只会让他们的性别认识错位，分不清男女，并且容易受到同龄人的指点或者嘲笑，遭受心理创伤，成年以后难以取得一致的行为表现，为性取向埋下隐患，会给宝宝以后的人生造成难以挽回的伤痛。

让宝宝学会穿衣和整理衣服

随着宝宝自主能力不断的增强，活动范围日益扩大，手眼协调和双手协调能力已有比较好的发展，语言能力和自我能力也大幅度提升，可以用双手操纵自己所需要的、感兴趣的物体，也喜欢重复摆弄实物。虽然还是经常需要仰赖成人的协助，但对自己动手做事非常积极。此时，爸爸妈妈的态度便会直接影响宝宝的独立自主和良好习惯的养成。

引导宝宝正确穿衣

当爸爸妈妈为宝宝穿衣服的时候，宝宝已经熟知顺序，就可以趁机培养宝宝自己独力穿衣服的能力，比如给宝宝穿上两只袖子之后，让宝宝自己学习扣扣子、拉拉链、整理衣领、把衣服拉平整等。穿袜子的时候，先让宝宝坐在椅子上，用双手把袜子往外翻卷，再把脚伸进去，这样穿起来会方便很多，宝宝的成就感也会提升。

教宝宝整理衣服

当宝宝学会自己穿衣服之后，就可以培养他整理衣服的能力了。

让宝宝在每天睡觉前，将脱去的衣服放在一边，保留内衣，再换上睡衣。脱下来的衣物则要注意拉伸袖子和裤管，让有图案那一面朝外，再将衣服和裤子分别放好，以方便起床的时候能够快速穿上。

爸妈收拾干净衣物的时候，也可以把宝宝的衣服交给他，训练宝宝自己整理。首先让宝宝按照衣服、裤子和内衣、内裤、手帕逐件分类之后，接着从简单的项目开始摺起，如袜子和手帕，先由妈妈一个步骤一个步骤慢慢教宝宝，等宝宝熟悉方法后，再逐件自己折叠，并将衣物自己放回衣柜归位。

一回生二回熟，只要耐心引导，总有一天宝宝能够熟练地自己操作，学会管理自己的衣服。

带宝宝外出的注意事项

带宝宝出门的好处多多，不仅因为多晒晒太阳能够促进新陈代谢，或多接触外面世界能够养成宝宝不怕生的开朗个性，而且因为2岁宝宝的各方面能力都已得到迅速发展，特别地好动，需要能做出奔、跑、爬、跳等动作。这样既能满足他们活动的需要，又能使身体动作得到发展，也可以让宝宝看见不同于家中的其他物品实物，刺激宝宝感官认知能力、增加认识物品能力，对宝宝身体及认知发展十分有利。

但户外天气变化多端，周围环境不仅复杂，也瞬息万变，不可控制因素相当多，想带着宝宝出门玩耍的爸爸妈妈要怎样做才能保证宝宝的安全呢？

首先，要先观察宝宝的状态，建议在宝宝心情愉悦及精神状态良好时再安排出门计划。而宝宝外出的活动不外乎是吃和玩，家长要多留意气温的变化，并且列出宝宝外出必备用品清单，如尿布、小玩具等，并自备饮料和零食以便应付长时间的外出，如果要购买食物就要注意是否干净卫生。

如果是夏天，要多加注意食物在高温的环境下是否变质；要给宝宝涂抹好防晒乳、防蚊液，预备好充足的水分和预防中暑的药品；如果是冬天外出，则要做好保暖防寒的工作，帽子、手套、围巾、厚外套必不可少，热开水、小被毯和防风口罩也要准备，一般来说没有特殊情况，冬天最好减少带宝宝外出。

其次，为了避免已经能够独自走路的宝宝出现意外，爸妈应该多留心宝宝行为跟动态以避免发生安全事故。活动的区域要在爸妈检查确认安全、可以看到宝宝活动的地方，最好由爸妈陪着宝宝一起玩，不仅可以进入宝宝的世界，更容易把握休息时间。

返家后也要注意，爸妈先将自己的双手清洗干净，再带着宝宝将双手及身体清洗干净，避免致病菌残留。

学习疾病相关知识，做宝宝的私人医生。

疾病防治篇

掌握护理常识，
为宝宝撑起一片蓝天

宝宝脏腑娇嫩，身体素质差，病情的发展相较成年人快，一旦患病，往往会进行性加重。这就要求爸爸妈妈除了为宝宝预防疾病外，还要对病中的宝宝进行积极的护理，注意观察病情的变化，让宝宝早日康复。

日常保健，让宝宝每一天都健康

从宝宝呱呱落地时起，爸爸妈妈就要为这个小生命的健康成长负责了。学习日常保健的方法，能够助力新手爸妈在育儿之路上披荆斩棘，让宝宝每一天都健康。

生长测量

每个宝宝的生长发育情况都不一样，要想判断宝宝是否正常发育，家长就要知道他的生长发育数据，包括身高、体重、头围、胸围等。掌握正确的测量方法，能帮助家长快速知晓自家宝贝的生长状况。

身高

身高是体型特征中最重要的指标之一，也是及时掌握孩子生长发育情况的重要依据，正确的测量方法是获得孩子身高增长数据的前提。无需天天为宝宝测量身高，两三周测量一次即可。

纸板测量法

- Step1　准备一块长约 120 厘米的硬纸板，将其铺在木板床上或靠近墙边的地板上。

- Step2　用书本靠在宝宝的头顶，并与地板（床板）保持垂直，画线标记。

- Step3　脱掉宝宝的鞋袜、帽子、外衣裤和尿布，让其仰卧在硬纸板上，四肢并拢并伸直，使宝宝的两耳位于同一水平线上，身体与两耳水平线垂直。

- Step4　用一只手握住宝宝的两膝，使两腿互相接触并贴紧硬纸板，再用书抵住宝宝的脚板，使之垂直于地板（床板），并画线标记。

- Step5　用皮尺量取两条线之间的距离，即为宝宝的身高。

分部位测量法

此方法分为上部量和下部量，最后加在一起即为宝宝的身高。测量时先测量上部，自宝宝的头顶至其耻骨联合的上缘之间的距离即为上部量，表示躯干的长度，与脊柱的发育有关；自宝宝的耻骨联合处至脚底即为下部量，表示下肢的长度，与下肢长骨的发育相关。一般新生儿下部量比上部量要短一些。

体重

体重增长是衡量宝宝营养状态和体格发育的重要指标之一，体重过轻或过重都是不健康的表现。新生儿根据体重可分为正常体重儿（体重为 2500~4000 克）、低体重儿（体重不足 2500 克）和巨大儿（体重超过 4000 克）。

由于新生儿的身体较柔软，因此在为其测量体重时，要格外谨慎，以免弄伤宝宝。

新生儿的体重最好选用婴儿秤，最大称量应不超过 15 千克。测量时，为防止宝宝着凉，可先在秤盘上垫一块绵软的布，再将宝宝轻轻放在秤盘中央，读取宝宝的毛重。如果想要得到宝宝的净体重，只要在称好体重后再称一下垫布的重量，然后用毛重减去布重即可。如果家中没有婴儿秤，也可用普通秤测量，可用小被单将宝宝兜住称重，然后减去小被单及包括尿布在内的一切衣物的重量，即为宝宝的体重。另外，家长也可抱着宝宝站在秤上称体重，再减去大人的体重和宝宝所穿的衣物重量即可。

头围

婴幼儿头围的大小与大脑重量成正比关系，头围大，大脑重量也大，反之，头围小，大脑重量也小。可见，宝宝的头围增长是否正常，在客观上反映着其大脑发育的正常与否。父母应定期测量宝宝的头围，以便掌握其大脑发育的基本情况。

测量头围时，应选用软皮尺，父母站在新生儿的前侧或右侧，左手拇指将软皮尺的零点固定在宝宝的前额眉弓上方，从头右侧经过枕骨粗隆最高处（后脑勺最突出的一点），绕至左侧，然后回到起始点，所得的数据即是头围大小。测量时要注意保持软皮尺紧贴头皮，刻度向外，左右对称。如果宝宝的头发较长，应先将头发在软皮尺经过处向上下分开，再进行测量，以保证结果的准确性。

胸围

宝宝的胸围与生长发育相关。测量时应用软皮尺，并注意室内温度的控制，以免宝宝着凉。脱掉宝宝的上衣，将软皮尺经宝宝两乳头平行绕一周读取数值，精确到 0.1 厘米，即为宝宝的胸围。

腹围

腹围和胸围一样，是宝宝的发育依据之一。从宝宝的肚脐开始，将软皮尺平行绕腹部一周，与起始点对接，所得的数值即为宝宝的腹围。

前囟

新生儿的前囟呈菱形，测量时要分别测出菱形两对边垂直线的长度。如果一条垂直线的长度为 2 厘米，另一条垂直线长 1.5 厘米，那么宝宝的前囟数值即为 2 厘米 ×1.5 厘米。

宝宝的前囟数值是衡量其前囟发育情况的重要参考标准，如果宝宝的前囟存在异常，可能存在小头畸形、脑积水、佝偻病等问题，爸爸妈妈应正确测量宝宝的前囟，并及时发现和解决问题。

呼吸

应在宝宝安静状态下进行宝宝的呼吸测量，最好与脉搏测量同时进行。测量时一般采用计数法，即数宝宝胸、腹起伏的次数。如果宝宝呼吸比较浅，不易计数，可将轻棉线放在宝宝的鼻孔处，棉线被吹动的次数即为宝宝呼吸的次数。

测量时除了要观察宝宝的呼吸次数外，还要观察其呼吸是否规律、深浅度如何、有无异味、有无鼻翼扇动或发绀等情况，这些都是判断宝宝呼吸是否健康的重要标志。

体温

新生儿期，宝宝自身控制体温的中枢系统发育尚不完善，而且皮下脂肪较薄，保温能力差，加上散热快，因此，宝宝的体温常常不稳定。鉴于此，爸妈们更应掌握科学的体温测量方法，随时监测新生儿的身体状况。

测量新生儿的体温，可在三个部位进行，分别是腋下、口腔和肛门，其中以腋下最为方便，也较为常用。测量前后应对体温计进行消毒，以免传染细菌和疾病。具体的测量方法如下：

- **Step1**　测量者用拇指和食指紧握体温计的上端，手腕用力挥动体温计，使水银下降至球部，直至清楚地看到水银柱在35℃以下。

- **Step2**　让宝宝坐在家长腿上或平躺在床上，解开宝宝的上衣，将体温计的水银端放置在宝宝的腋窝下。

- **Step3**　按住宝宝的胳膊，使体温计贴着他的身体，保持体温计牢牢地夹在腋下5~10分钟。

- **Step4**　取出体温计，横拿体温计上端，背光站立，缓慢转动体温计，读取水银柱的数值，即为宝宝的体温。

脉搏

脉搏跳动的强弱反映心脏跳动的强弱，且心跳与脉搏的跳动是一致的。因此，父母可以通过测量新生儿的脉搏来了解宝宝的心脏发育情况。婴幼儿期脉搏跳动的频率容易受外界的影响而变动，正常新生儿的脉搏跳动频率为每分钟120~140次，且一般女孩比男孩快。

脉搏测量前应使宝宝保持安静、舒适的状态，最好趁他熟睡时进行。家长可用自己的食指、中指和无名指按在宝宝的动脉处，其压力大小以感受到脉搏跳动为准，边按脉边数脉搏次数，以1分钟为计算单位。测量脉搏的常用部位是手腕腹面外侧的桡动脉、头部的颞动脉、颈部两侧的颈动脉。注意，宝宝在睡眠状态下可能受呼吸影响而出现轻微的脉搏节律不齐，这属于正常现象，家长无须担忧。

疫苗接种

婴儿出生以后，随着体内由母体获得的免疫力逐渐减弱或消失，加上外界环境不可避免包含有数千种细菌和抗原，宝宝患疾病的风险也随之增加。疫苗接种是帮助宝宝获得免疫力的重要途径，也是为孩子抵御疾病准备的第一道防御屏障。

疫苗接种的注意事项

一般认为，当宝宝出现下列情况时不宜进行预防接种，可等宝宝身体康复之后，延期接种。

▶ 当宝宝因感冒等疾病引起发热时（体温超过37.5℃）应避免接种，此时接种，会使宝宝体温升高，加重病情，甚至诱发新的疾病。

▶ 患有哮喘、荨麻疹、心肝肾疾病、结核病，接种部位有严重皮炎、皮癣、湿疹及化脓性皮肤病等。如有以上情况，需咨询医生是否能够接种。

▶ 如果宝宝有惊厥和癫痫史，也要咨询医生是否适合接种，尤其是乙肝疫苗、百白破混合疫苗，以免接种后引起晕厥、抽筋，甚至休克。

▶ 患有严重佝偻病的宝宝不宜服用脊髓灰质炎糖丸，可在痊愈后咨询医生是否补服。

▶ 若宝宝患传染病后处于恢复期，或有急性传染病接触史但还没有过检疫期，应暂缓接种。

▶ 如果宝宝是先天畸形及严重内脏功能障碍者，出现窒息、呼吸困难、严重黄疸、昏迷等病情时，不可接种。

▶ 在预防接种期间，如果出现呕吐、腹泻及严重的咳嗽等症状，经医生同意，可暂时不接种，等症状好转后再补种。

以上不宜接种的情况父母一定要谨慎避免，必要时咨询医生，不可盲目为孩子接种。此外，在接种之后，还应注意以下事项。

接种后注意观察宝宝的反应。 在预防接种后，大多数宝宝或多或少都会出现一些反应症状，此时父母应注意观察。如果反应症状较轻，只是出现哭闹、食欲不振、烦躁不安、局部红肿疼痛、轻微发热等反应，都是正常的，此时可以搂抱并哄哄宝宝，并对症采取物理降温、多喂些水、仔细呵护接种部位等措施；如果接种后宝宝反应很大，甚至出现高热，就应尽快带宝宝去医院就诊和治疗。

接种后小心哺喂宝宝。一般宝宝接种后会出现局部红肿的现象，可能需要2~3个月才能消失，在这个过程中，要做到母乳喂养，以增强宝宝自身的抵抗力。如果不能满足母乳喂养，也要做好人工喂养。如果宝宝食欲不振，不可勉强喂食，此时可以给宝宝多喝点儿水。

接种后减少宝宝的活动。接种后活动过多或过于剧烈，会引起宝宝接种疫苗后的不良反应，因此，建议接种后让宝宝少活动，多休息。

接种后洗澡要留意。在预防接种后的24小时内，不要给宝宝洗澡，一是防止洗澡后接种部位因接触水而引起感染，二是洗澡会带走宝宝身体上的大量热量，可能会使宝宝着凉、感冒等，会降低身体免疫力，不利于接种后身体的康复。接种后的第二天，给宝宝洗澡时，应避免洗澡水弄湿接种部位，可用干净的手帕或纱布包扎好再洗。

儿童免疫接种一览表

根据我国卫生部规定，婴幼儿1岁内必须完成卡介疫苗、脊髓灰质炎疫苗、百白破混合制剂、麻疹疫苗、乙肝疫苗接种的基础免疫。按照疾病流行地区和季节的差异，或家长的意愿，有时也需进行乙型脑炎疫苗、流感疫苗、水痘疫苗、甲型肝炎疫苗等的接种。

疫苗种类	防治疾病	接种时间
卡介疫苗	结核病	宝宝出生后1周即可接种
脊髓灰质炎疫苗	小儿麻痹症	宝宝出生后2个月开始接种，每月1次，共3次；4岁时需要再接种3次
百白破混合制剂	百日咳、破伤风、白喉	第1次接种在出生后3个月，连续3次，每次接种间隔时间为1个月；间隔1年后再接种1次
麻疹疫苗	麻疹	初种在宝宝出生后8个月，7岁时需加强1次
乙肝疫苗	乙肝	接种时间分别为出生后24小时内、出生后1个月、出生后6个月，共接种3次

就医指导

宝宝是全家人的心头肉，一旦生病，往往使全家人手足无措。在宝宝的日常护理中，家长应关注宝宝的一些就医常识，以便宝宝生病后能及时就医。

需要就医的情况

当宝宝出现精神不振、脱水、不明原因的腹痛、喷射性呕吐、便血、疝气不能回纳（2 小时内必须就诊）；呼吸急促、脸色青紫、少尿无尿、嗜睡、昏迷等情况时，应送往医院治疗，情况严重的应该在去医院的路上就联系医生，以免耽误治疗。

就医的注意事项

去医院前将宝宝的病历手册、住院保险证、尿布、替换的衣物、食物等准备好。平时可先了解宝宝生病时不同症状需要挂号的科室，如不了解，到医院后可先去导诊台询问就诊科室，以节省就医时间，此时千万不能慌乱。情况紧急时，应选择附近的儿科医院就近医治。

如何向医生描述病情

提供宝宝的基本信息。这其中包括宝宝的年龄、出生时的体重，妈妈的分娩方式，是顺产还是剖宫产，是母乳喂养还是人工喂养，以及辅食添加情况、有没有添加保健药。

详细描述病症。宝宝目前存在的主要问题，发病的经过，包括发病的时间和持续的时间、最近进食的种类、睡眠状况、全身症状、大小便的次数和形态、去过的医院、用过哪些药。家长可以将沾有宝宝呕吐物和异物的衣物，以及带有宝宝大小便的尿布给医生检查。

描述既往病史。向医生描述之前宝宝有无疾病史、疫苗接种史和过敏史尤为重要。如有必要，还应描述有关的家族情况及所接触环境情况，如有无遗传病、传染病、环境污染等。

用药常识

治疗宝宝常见疾病通常会用到药物，这种治疗方法多数情况会起到良好的治疗效果。但是宝宝的药物应在医生的指导下服用，服药前也应仔细看清说明书。

宝宝用药的特点

当宝宝生病时，应及时准确地用药，并按照医生指示或说明书的提示按时服药，以保证药物在体内发挥作用。宝宝的抵抗力不如成人，生病较多，服药的机会也多些，有些药物不利于宝宝的发育，应该避免使用，如四环素类药物、类固醇，还有含激素的制剂等。

不要给宝宝用成人药

成人常用的药物，一般不要给宝宝用。因为宝宝的肝、肾、神经等组织器官发育不完善，使用成人药物很容易损害肝、肾或发生中毒反应。凡说明书注明小儿不宜使用的，一定不要随便给孩子用，如阿司匹林类解热镇痛药适于成人用，给患儿用不易掌握用量，一旦过量，会导致出汗过多而虚脱。

药物使用技巧

口服药物。药物通常难闻且味道不好，因此给宝宝喂药也成了一件难事。口服药物一般应让宝宝直接服用；如果宝宝不愿吃药，可在医生或药剂师的指导下，将药物混在食物或液体中给宝宝服用。

皮肤用药。在为宝宝上药膏或软膏前后，家长应洗手消毒，保持宝宝患病皮肤的洁净干燥，按顺时针或逆时针方向涂抹药物。如果皮肤有破损，可用棉签或纱布涂药。使用喷雾时，应将宝宝的脸转向一边。

滴眼液和滴耳液的使用。使用药物前都应洗手消毒。使用滴眼液时，让宝宝平躺，头微微向后仰，拉开下眼睑，使之形成一个"小口袋"，然后往里滴入药物，不要让宝宝揉眼睛。滴耳液时，可让宝宝侧躺，将药物滴入外耳道，然后在外耳道外侧放两个小棉花团，让宝宝静坐一会儿使药物吸收。

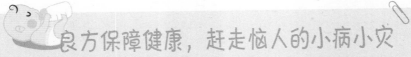

良方保障健康，赶走恼人的小病小灾

　　不明原因的痒、发热等症状，都会让宝宝难受。若爸爸妈妈具备常见疾病的病理与照护相关知识，便能为宝宝的健康把关，在发现异常的第一时间，就可以有所警觉并且进行适当处理。

小儿发热

　　小儿发热是指小儿体温异常升高，是小儿常见的一种症状，许多疾病一开始都表现为发热。小儿发热通常是身体对外来细菌、病毒侵入的一种警告，是婴幼儿一种天生的自我保护机制。临床可表现为面赤唇红、烦躁不安、呼吸急促等症状。

日常护理

1 在家照护发热的宝宝，首先要做到有效的物理降温。应尽可能保证宝宝液体的摄入，体内水分增加，通过皮肤蒸发水分，散热才会有效果。在适当提高室温的前提下，尽可能减少穿盖衣物，以利于皮肤散热。

2 洗温水澡、用温热毛巾湿敷等，可令皮肤血管扩张，利于体内热量散出。贴冰袋或冰贴、温水擦浴等也会有一定的效果，不过只会带走局部皮肤的热量，退热效果有限。

饮食调养

　　补充优质蛋白质。发热是一种消耗性疾病，宜补充适量的优质蛋白质，如肉末汤、蒸鱼等，但要注意少油腻。

　　补充足够的水分。母乳、白开水、果汁、菜汤等都可以用来补充水分，最好是饮用温白开水。多喝水还可以促进排尿，有利于降温和毒素的排泄。

　　以流质、半流质饮食为主。发热患儿胃肠蠕动减慢，消化功能减弱，饮食宜少食多餐，根据病情选择流质或半流质饮食，如面汤、稀粥、藕粉等，以清淡为宜。

　　忌强迫进食。如果宝宝实在没有胃口，切忌强迫进食，否则不仅不能促进宝宝的食欲，反而会引起呕吐、腹泻等，加重病情。

食谱推荐

鲜奶白菜汤

原料

白菜 80 克，牛奶 150 毫升，鸡蛋 1 个，红枣 5 克

调料

盐 2 克

做法

1　将白菜切成粗条；将红枣切开，去核。

2　取一个碗，打入鸡蛋，搅散，即成蛋液，备用。

3　往砂锅中注水，倒入红枣，盖上盖，用小火煮 15 分钟；揭盖，放入牛奶、白菜，盖上盖，续煮至食材熟透。

4　揭盖，加入盐，倒入蛋液，拌匀，煮至蛋花成形，盛出煮好的汤料，装入碗中即可。

扫一扫二维码
视频同步学美味

保健按摩

曲池和坎宫合用善于缓解感冒发热，天河水可清虚热，六腑可清里热，肺经可清热止咳，十宣可治高热，耳后高骨也可缓解感冒发热。此七穴配伍，经常按摩，能有效缓解小儿发热。

▶ **按揉曲池**

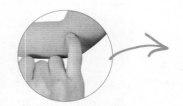 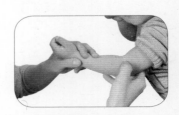

定位：屈肘，曲池穴位于桡侧肘横纹头与肱骨外上踝中点处。

操作：用拇指指端在曲池穴上按压，继而按顺时针方向旋转揉动1分钟。

▶ **推坎宫**

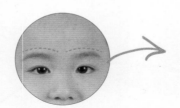 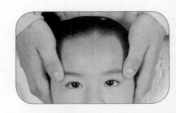

定位：坎宫穴位于眉心至两眉稍成一横线处。

操作：双手拇指自眉头向眉梢做分推，推100次。

▶ **清天河水**

 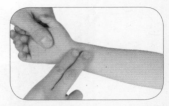

定位：天河水位于前臂正中，自腕至肘，成一直线。

操作：用一手食指和中指并拢，用指腹推摩宝宝的天河水穴，操作1~2分钟。

▶ 退六腑

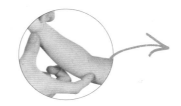 

定位：六腑位于前臂尺侧，阴池穴至肘横纹，成一直线。

操作：用拇指指腹或食指指腹自肘向腕做直线推动，推 100~300 次。

▶ 清肺经

定位：肺经位于无名指末节螺纹面。

操作：以拇指指腹在无名指末节指纹上向指根方向直线推动 200~300 次。

▶ 掐十宣

定位：十宣穴在手十指尖端，距指甲游离缘 0.1 寸，左右共 10 穴。

操作：用拇指指尖依次从拇指掐至小指，称为掐十宣，常规掐 3~5 次。

▶ 揉耳后高骨

 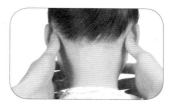

定位：耳后高骨位于耳后入发际高骨下凹陷中。

操作：用双手拇指指腹吸定在耳后高骨部，按顺时针方向旋转揉动，揉 100 次。

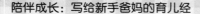

小儿感冒

感冒又称上感，即上呼吸道感染，是小儿常见的疾病之一，一年四季均可发病，占普通儿科门诊的 80% 左右。感冒大部分都是由病毒感染引起的，少数为细菌或肺炎支原体引起的。感冒是一组症状组合，包括流鼻涕、打喷嚏、咳嗽、发热等。

日常护理

1 随时观察患儿体温，如果发热要注意降温，保证患儿体温不超过 38.5℃。注意让患儿的身体和房间保持适宜的温度，避免宝宝过热或过凉。

2 让宝宝多休息。如果宝宝鼻塞，应帮助他抬高上身或让宝宝侧躺，以缓解呼吸困难。可以在宝宝鼻孔下方，放一块热气腾腾的毛巾，当蒸汽钻进鼻孔，鼻子就会变得通畅。

3 尽可能保证液体的摄入，让宝宝多饮温白开水，加速新陈代谢，清洁咽部，避免激发感染。同时，保证宝宝的休息和睡眠，这样就可以帮助宝宝尽快恢复。

饮食调养

病情较轻时照常饮食。如果感冒患儿病情不严重，饮食可照常进行。如果觉得宝宝身体不好，吃得太少，可在两餐之间增加一些健康的小食品和饮品，如小面包、西红柿汁等。

多吃新鲜水果、蔬菜。新鲜的水果和蔬菜中含有丰富的维生素 C，有助于提高人体免疫力，如柑橘、苹果、猕猴桃、生菜等。而且新鲜的蔬菜、水果还能增进食欲，帮助消化。

饮食宜清淡，易消化。感冒患儿的脾胃功能常受到影响，吃些清淡、易消化的食物，有助于减轻脾胃负担，如牛奶、白米粥、烂面条、鸡蛋汤等流质、半流质食物。

葱乳饮

 原料

葱白 25 克，牛奶 100 毫升

做法

1 在洗净的葱白上划一刀。

2 取茶杯，倒入牛奶，加入葱白。

3 蒸锅注水烧开，揭开盖，放入茶杯，盖上盖，用小火蒸 10 分钟。

4 揭开盖，取出蒸好的葱乳饮，夹出葱段，待稍微放凉即可饮用。

扫一扫二维码
视频同步学美味

保健按摩

中医认为，感冒是感受风邪或病毒，引起肺卫功能失调，从而发生的疾病。以下七穴配伍，重在调理肺卫，长期按摩，有助于解表祛邪，缓解感冒引起的不适症状。

▷ **开天门**

定位：天门穴位于两眉中间往上至前发际，成一直线。

操作：用两拇指自下而上交替直线推动天门穴 1~2 分钟。

▷ **推坎宫**

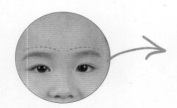 

定位：坎宫穴位于眉心至眉稍成一横线处。

操作：双手拇指自眉头向眉梢做分推，推 100 次。

▷ **运太阳**

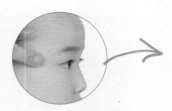 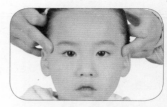

定位：太阳穴位于耳廓前面，前额两侧，外眼角延长线的上方。

操作：以中指指端在太阳穴上，以顺时针方向旋转推动太阳穴，运 100 次。

▶ 清天河水

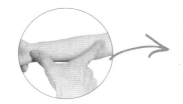

定位：天河水位于前臂正中，自腕至肘，成一直线。

操作：用一手食指和中指并拢，用指腹推摩天河水穴，反复操作1~2分钟。

▶ 点按合谷

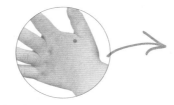

定位：合谷穴位于虎口，第1、2掌骨间凹陷处。

操作：双手托住宝宝手掌部位，用食指指腹点按合谷穴30~50次。

▶ 推三关

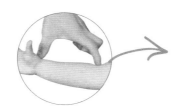

定位：三关位于前臂桡侧阳池至曲池，成一直线。

操作：用拇指侧面或食、中指指腹自腕推向肘，推100~300次。

▶ 清肺经

定位：肺经位于无名指末节螺纹面。

操作：以拇指指腹在无名指末节指纹上向指根方向直线推动200~300次。

小儿咳嗽

小儿咳嗽是气管或肺部受到刺激后产生的反应，是小儿常见的呼吸道症状。小儿咳嗽多由呼吸道炎症引起，可涉及鼻炎、咽炎、喉炎、支气管炎、肺炎等多种病症。异物吸入也是引起小儿咳嗽的常见原因。

日常护理

1 室内过于干燥，嗓子就会受到刺激，容易引起严重咳嗽。秋冬室内干燥时，可使用加湿器调整室内湿度。加湿器还利于嗓子湿润，便于痰液的排出。

2 躺着的时候，可以保持宝宝的上半身稍微撑起的姿势，可以在褥子上面垫上一层软垫。若宝宝咳得很严重，可以将宝宝竖着抱起来，帮他拍拍背，可以让宝宝呼吸顺畅许多，而且有利于痰液的顺利排出。

3 灰尘或香烟的烟雾会刺激咽喉引起咳嗽，应注意保持宝宝房间清洁卫生。若宝宝对螨虫过敏，家中就不要使用吸尘器、地毯，也不要让宝宝玩毛绒娃娃等不易彻底清理的玩具。

饮食调养

保持清淡饮食。咳嗽期间宝宝的咽部可能会有炎症，给宝宝的饮食应该是营养丰富、清淡且易消化吸收的食物。

多吃新鲜的蔬菜和水果。新鲜的蔬菜和水果可以帮助身体补充足够的维生素和矿物质，对咳嗽的恢复很有帮助，如胡萝卜、西红柿、西蓝花、金橘、雪梨等。

多喝温开水。湿润的咽部有利于痰液咳出，宝宝咳嗽期间，妈妈可以少量多次地给他喂水，且最好是温白开水。忌用饮料代替白开水。

忌虾蟹。虾蟹等食物性质寒凉容易加重咳嗽，而且容易导致过敏。过敏会加重咳嗽症状。

金橘枇杷雪梨汤

 原料

雪梨 75 克，枇杷 80 克，
金橘 60 克

做法

1 将金橘洗净，切成小瓣。

2 将洗好去皮的雪梨去核，再切成小块。

3 将洗净的枇杷去核，切成小块，备用。

4 往砂锅中注入适量清水烧开，倒入切好的雪梨、枇杷、金橘，搅拌匀，盖上盖，烧开后用小火煮约 15 分钟。

5 揭盖，搅拌均匀，盛出煮好的雪梨汤，装入碗中即成。

扫一扫二维码
视频同步学美味

保健按摩

中医认为咳嗽是外感或内伤等因素，导致肺失宣肃，肺气上逆，冲击气道的一种病症。配伍以下七穴，长期按摩，可帮助宝宝宣肺理气，防治各种因素引起的咳嗽。

▶ **拿风池**

 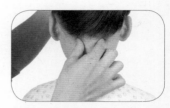

定位：风池穴位于颈后枕骨粗隆下缘胸锁乳突肌与斜方肌之间，枕骨下凹陷当中。

操作：以拇指和食指用力对称捏拿宝宝的风池穴，拿 3 次。

▶ **清天河水**

定位：天河水位于前臂正中，自腕至肘，成一直线。

操作：用一手食指和中指并拢，用指腹推摩宝宝的天河水穴，操作 1~2 分钟。

▶ **退六腑**

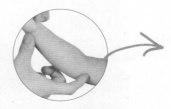 

定位：六腑位于前臂尺侧，阴池穴至肘横纹，成一直线。

操作：用拇指指腹或食指指腹自肘向腕做直线推动，推100~300次。

▷ **清肺经**

定位：肺经位于无名指末节螺纹面。

操作：以拇指指腹在无名指末节指纹上向指根方向直线推动200~300次。

▷ **推膻中**

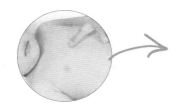 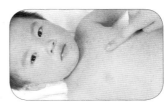

定位：膻中穴位于胸骨上，两乳头连线的中央处。

操作：用食指指腹从宝宝的两锁骨相交处中点直推至两乳头中点，推1~3分钟。

▷ **揉肺俞**

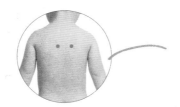 

定位：肺俞穴在背部，位于第三胸椎棘突下，旁开1.5寸处，左右各有一穴。

操作：以拇指置于左右肺俞穴上揉动，揉50~100次。

▷ **推涌泉**

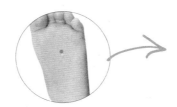 

定位：涌泉穴位于足掌心前1/3与后2/3交界处"人"字凹陷中，属足少阴肾经。

操作：用拇指指腹从宝宝的涌泉穴向足趾方向推，推300次。

小儿肺炎

小儿肺炎是婴幼儿常见的一种疾病。由于没有成人肺炎的明显症状，不易察觉，但是危害相当严重，需要父母对其有一定的了解，以预防和及时发现病情、及时治疗。幼儿且免疫功能低下或先天性心脏病患儿，较易患严重肺炎。

日常护理

1 一个安静、整洁、温度湿度适宜的环境，是有利于小儿肺炎患儿恢复的。室温应保持在 20℃左右，相对湿度 55%~65%，以防呼吸道分泌物变干，不易咳出，引起交叉感染。

2 多喝水，能够有利于痰液的排出和机体的正常运作。因此，应该鼓励患儿多饮水。并且，应尽量母乳喂养，若人工喂养可根据其消化功能及病情决定喂奶量及浓度，如有腹泻给予脱脂奶。对危重患儿不能进食者，应用静脉输液补充热量和水分。

3 痰多的肺炎患儿应该尽量将痰液咳出，防止痰液排出不畅而影响恢复。在病情允许的情况下，家长应经常将小儿抱起，轻轻拍打背部；卧床不起的患儿应勤翻身，这样既可防止肺部瘀血，也可使痰液易咳出，有助于康复。

饮食调养

忌食高蛋白饮食。1 克蛋白质在体内吸收 18 毫升水分，蛋白质代谢的最终产物是尿素。宝宝进食蛋白质多，排出的尿素相对也会增多，而每排出 300 毫克尿素，最少要带走 20 毫升水分。因此对高热失水的患儿应忌食高蛋白饮食，如鱼、鸡蛋等，疾病后期可适当补充，以增强体质。

发热患儿适宜食用流食。比较适合患儿吃的流食有母乳、牛乳、米汤、蛋花汤、牛肉汤、菜汤、果汁等。

补充糖盐水。肺炎患儿呼吸次数较多，还有发热的症状，水分的蒸发比平时多，因此可以补充适量的糖盐水。

食谱推荐

西红柿鸡蛋汤

🥬 **原料**

西红柿150克，鸡蛋1个，葱花少许

🍳 **调料**

盐、鸡粉各2克,胡椒粉、食用油各适量

做法

1 将洗净的西红柿去蒂，切成瓣；鸡蛋打入碗中，打散调匀。

2 锅中注水烧开，倒入食用油，放入西红柿。

3 加入盐、鸡粉、胡椒粉，用大火煮沸。

4 倒入鸡蛋液，搅拌匀。

5 撒上少许葱花，搅匀，盛出装碗即成。

扫一扫二维码
视频同步学美味

保健按摩

　　根据病因，中医将小儿肺炎分为三种证型，分别是风热犯肺型、痰热郁肺型和热入心营型。其中适合用按摩手法治疗的有风热犯肺型和痰热郁肺型两种。以下七穴配伍，是上述两种证型的基础按摩方法，长期按摩，可以有效缓解小儿肺炎的症状。

▶ **清肺经**

定位：肺经位于无名指末节螺纹面。

操作：以拇指指腹在无名指末节指纹上向指根方向直线推动200~300次。

▶ **退六腑**

定位：六腑位于前臂尺侧，阴池穴至肘横纹，成一直线。

操作：用拇指指腹或食指指腹自肘向腕做直线推动，推100~300次。

▶ **推三关**

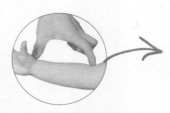 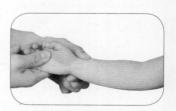

定位：三关位于前臂桡侧阳池至曲池，成一直线。

操作：用拇指侧面或食、中指指腹自腕推向肘，推100~300次。

▷ 分推肩胛骨

 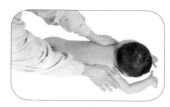

定位：肩胛骨也称胛骨、琵琶骨，位于背部，是三角形扁骨，介于第 2~7 肋骨之间。

操作：以两手大鱼际，用分推法在两侧肩胛骨上进行操作，分推100 次。

▷ 揉膻中

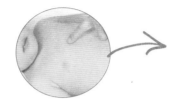 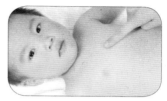

定位：膻中穴位于胸骨上，两乳头连线之中央处。

操作：用食指指腹揉在膻中穴上按顺时针方向旋转揉动，揉 2 分钟。

▷ 按揉肺俞

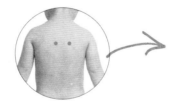 

定位：肺俞穴位于第三胸椎棘突下，旁开 1.5 寸处，左右各有一穴。

操作：先用双手拇指指腹在左右肺俞穴上用力往下按压，然后按顺时针旋转揉动，如此交替按揉1 分钟。

▷ 按揉丰隆

定位：丰隆穴在小腿外侧，位于外踝尖直上 8 寸，胫骨前缘外侧 1.5 寸处，胫、腓骨之间。

操作：以拇指指腹在丰隆穴上按压，继而用拇指指腹在此穴上按顺时针方向旋转揉动，按揉 2 分钟。

小儿腹泻

腹泻是一组由多病原、多因素引起的以大便次数增多和大便性状改变为特点的儿科常见病症。纯母乳喂养的宝宝大便偏稀、次数相对较多，是因为母乳中的低聚糖具有"轻泻"作用，这不属于腹泻范畴，要加以区分。

日常护理

1 注意不串病室，不坐他人床铺，防止交叉感染。对宝宝餐具、衣物、尿布、玩具分类消毒，并保持清洁，避免病从口入。

2 大多数感染性腹泻都是由于手接触了感染源，如接触了粪便再接触口腔所导致的。所以，需要加强个人卫生，要求宝宝饭前便后洗手。

3 患病的宝宝腹泻次数多，容易发生尿布皮炎，因此在宝宝每次便后，要用温水帮他清洗臀部，然后擦干并涂抹凡士林或其他润肤露。应选用吸水性强的、较软的布做尿布，避免用塑料布垫在宝宝的屁股上，或包得过紧。

饮食调养

理性禁食。对于重型患儿以及呕吐频繁者，可暂禁食 4 ~ 6 小时。一般患儿不要禁食，可给予清淡易消化的食物，如米汤、粥及含钾的食物。

坚持母乳喂养。对于母乳喂养的宝宝，可继续母乳喂养，不可突然断奶。断奶前后适当地添加食物，并遵循由少到多、由单一到多种、由细到粗的原则，使辅食逐渐代替母乳。

不喝煮沸的牛奶。千万不要给腹泻的宝宝喝煮沸的牛奶，包括脱脂奶。因为煮沸的牛奶中水分蒸发，剩下的浓缩部分盐和矿物质含量较高，不适合胃肠道脆弱的腹泻宝宝饮用。

焦米南瓜苹果粥

 原料

大米、南瓜肉各140克，
苹果125克

做法

1　将洗好的南瓜肉切开，再切成小块。

2　去皮洗净的苹果切取果肉，改小块。

3　将锅置火上，倒入大米，炒出香味，转小火，炒至米粒呈焦黄色，关火后盛出食材，装在盘中，待用。

4　往砂锅中注水烧热，倒入大米，拌匀，煮至米粒变软；倒入南瓜肉，放入苹果块，拌匀；续煮至食材熟透，搅拌一会儿。

5　盛出苹果粥，装在小碗中即可。

扫一扫二维码
视频同步学美味

保健按摩

中医认为，腹泻可分为湿热、寒湿、脾胃虚弱和伤食四个证型，以下七穴配伍，能健脾和胃、疏调肠腑、降逆利水，经常按摩，有助于缓解小儿腹泻。

▶ **补脾经**

定位：脾经位于拇指末节螺纹面。

操作：将宝宝拇指略弯曲，循拇指桡侧面由指尖推向指根，推300次。

▶ **补大肠**

 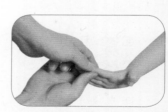

定位：大肠经位于食指桡侧自指尖至虎口，成一条直线。

操作：用拇指侧面或指腹从食指尖直推向虎口，推150次。

▶ **揉内劳宫**

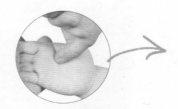 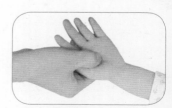

定位：内劳宫穴位于背部，当第2、3掌骨之间。

操作：用拇指指端在宝宝的内劳宫穴处按顺时针方向的旋转按揉100次。

揉天枢

定位：天枢穴位于脐中旁开 2 寸。

操作：用双手拇指分别点按在两侧的天枢穴，按顺时针方向揉动，揉 200 次。

揉中脘

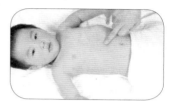

定位：中脘穴位于上腹部，前正中线上，当脐上 4 寸。

操作：用中指指腹在宝宝的中脘穴按顺时针方向按揉 3 分钟。

按揉脾俞

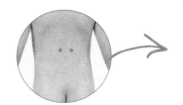

定位：脾俞穴位于第十一胸椎棘突下，旁开 1.5 寸处，左右各有一穴。

操作：用双手拇指指尖分别点按在两侧的脾俞穴上，按顺时针方向按揉 1 分钟。

推上七节骨

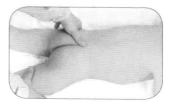

定位：七节骨位于第四腰椎至尾椎骨端，成一条直线。

操作：用拇指指腹自下向上直推上七节骨，推 200 次。

小儿腹痛

引起腹痛的常见病有多种，它们通常起病急、进展快。因为婴幼儿不会用言语准确表达，所以给疾病的诊断带来一定困难。家长应学会通过小儿的各种异常表现，来估计引起腹痛的可能原因，及时做相应处理，减少孩子的痛苦。

日常护理

1 给宝宝测量体温，如果体温有轻度升高，并且是出现严重腹痛或疼痛局限在肚脐周围，有可能是急腹症。当急性腹痛诊断未明时，最好予以禁食，必要时进行胃肠减压。

2 除急腹症外，对疼痛局部可应用热水袋进行热敷，从而解除肌肉痉挛而达到止痛效果。

3 应协助腹痛小儿采取有利于减轻疼痛的体位，缓解疼痛，减少疲劳感。对于烦躁不安的患儿，应加强防护安全措施，防止坠床。

4 遵医嘱合理应用药物镇痛，应注意严禁在未确诊前随意使用强效镇痛药或激素，以免改变腹痛的临床表现，掩盖症状、体征而延误病情。

饮食调养

哺乳的妈妈需要注意饮食。母乳喂养的婴儿，可能与乳母食用过多的黄豆、花生、大蒜、洋葱、包菜、白萝卜、杏子、西瓜、桃子等有关。这些食物中含有某种物质可以通过乳汁进入婴儿体内，使婴儿肠内产气过多，引起腹胀、腹痛。

饮食定时定量。经常性腹痛的患儿每日三餐或加餐均应定时，间隔时间要合理。急性胃痛的患儿应尽量少食多餐，平时应少食或不食零食，以减轻肠胃的负担。

补充维生素。平素的饮食应供给富含维生素的食物，以利于保护肠胃黏膜和提高其防御能力，并促进局部病变的修复。

改善不良饮食习惯。多食清淡的食物，少食肥甘、寒凉、辛辣等刺激性食物。

食谱推荐

果味酸奶

原料

酸奶 250 毫升，苹果 35 克，草莓 25 克

做法

1. 洗好的草莓切成小瓣，再切成小块。
2. 洗净的苹果切开，去核、去皮，切成条形，再切成小块，备用。
3. 将酸奶倒入碗中，放入切好的草莓、苹果，将材料搅拌均匀。
4. 把拌好的材料倒入碗中即可。

扫一扫二维码
视频同步学美味

保健按摩

腹痛属于急症，以下七穴配伍，可以有效缓解小儿腹痛。但值得注意的是，如果是由肠胃痉挛、阑尾炎或肠套叠而引起的腹痛，就不适合按摩。

▷ **补脾经**

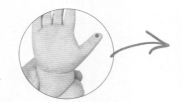 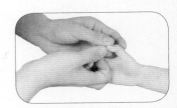

定位：脾经位于大拇指末节螺纹面。

操作：将宝宝拇指略弯曲，循拇指桡侧面由指尖推向指根，推300 次。

▷ **揉一窝风**

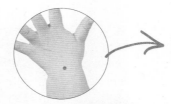 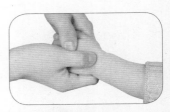

定位：一窝风穴位于手腕背侧，腕横纹中央凹陷处。

操作：用拇指指腹在宝宝的一窝风穴上按顺时针方向揉，揉100次。

▷ **推三关**

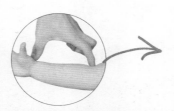 

定位：三关位于前臂桡侧阳池至曲池，成一直线。

操作：用拇指指侧自腕推向肘，推 100 次。

▷　**摩腹**

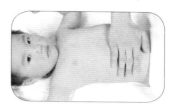

定位：腹部中间，肚脐周围。

操作：用手掌按在腹部顺时针方向轻轻地摩动，摩 5 分钟。

▷　**拿肚角**

定位：肚角穴位于肚脐向下 2 寸，再旁开 2 寸处，左右各有一穴。

操作：用拇指指腹与食指、中指指腹相对用力提拿起肚角处的皮肤，拿 5 次。

▷　**揉天枢**

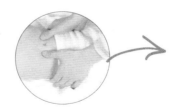

定位：天枢穴位于脐中旁开 2 寸处。

操作：用拇指指腹分别点按在两侧的天枢穴上，按顺时针方向揉动，揉 200 次。

▷　**分腹阴阳**

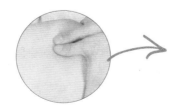

定位：腹阴阳指的就是上腹部。

操作：用双手拇指或大鱼际沿肋弓下缘向两旁分推，推 100 次。

小儿便秘

小儿便秘是指婴儿大便异常干硬，引起排便困难的疾病。干硬的粪便刺激肛门产生疼痛和不适感，宝宝会排斥，甚至惧怕排大便，这样就使肠道里的粪便更加干燥，便秘症状更加严重了。

日常护理

1 平时要多喝水，每天清晨起床后空腹喝一杯白开水，对润肠清肠十分有益，不必每次喝很多水，但一天中要多次饮水，可以喝蔬菜水、纯果汁兑水，因为这些水中含有丰富的维生素、纤维素，有助于缓解便秘。

2 可以进行定点排便训练，即每天早上或者晚上，根据孩子的情况，定点让孩子去排便。开始时有没有排便并不重要，主要是为了养成习惯，形成大脑反馈的刺激，坚持一段时间建立条件反射就会有效果。

3 增加运动量，多进行户外活动，如跑、跳、拍球，或做垫上运动如仰卧起坐、翻滚等。运动一方面可以加速孩子食物的消化，另一方面可以增加肠蠕动，这是治疗便秘很好的辅助方法。

饮食调养

保证蔬菜的摄入量。应该多吃纤维素多的蔬菜，像芹菜、白菜、菠菜、韭菜、萝卜等，制作时要注意，一定保证不损失纤维素。

每天应该进食一定量的水果。如香蕉、苹果等，因为这些食物可以促进肠蠕动，帮助排便。

不良饮食习惯要纠正。要纠正孩子偏食、挑食的习惯。饭菜要荤素搭配、粗粮细做，适合孩子的口味，不要吃辛辣刺激的食物。

饮食不能过精过细。饮食过于精细对肠道不能形成刺激，肠蠕动缓慢，食物在肠内停留的时间延长，水分会再被吸收，则便干难出。

食谱推荐

韭菜炒鸡蛋

🌱 **原料**

韭菜 120 克，鸡蛋 2 个

🥄 **调料**

盐 2 克，鸡粉 1 克，食用油适量

做法

1　将洗净的韭菜切成约 3 厘米长的段。

2　鸡蛋打入碗中，加入少许盐、鸡粉，用筷子朝一个方向搅散。

3　炒锅热油，倒入蛋液炒至熟，盛出炒好的鸡蛋备用。

4　油锅烧热，倒入韭菜翻炒半分钟，加入盐、鸡粉炒匀至韭菜熟透，再倒入炒好的鸡蛋，翻炒均匀。

5　将炒好的韭菜鸡蛋盛入盘中即成。

扫一扫二维码
视频同步学美味

保健按摩

中医认为便秘的病位在大肠，并与脾胃肺肝肾密切相关。以下七穴配伍，重在清利肠腑，侧重防治脾胃诸疾，兼调理肺肝肾，长期按摩，有助于缓解小儿便秘。

▷ **摩腹**

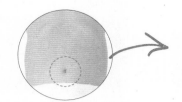 

定位：腹部中间，肚脐周围。

操作：用手掌按在腹部顺时针方向轻轻地摩动，摩 5 分钟。

▷ **揉天枢**

 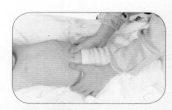

定位：天枢穴位于脐中旁开2 寸处。

操作：用拇指指腹分别点按在两侧的天枢穴上，按顺时针方向揉动，揉 200 次。

▷ **掐揉合谷**

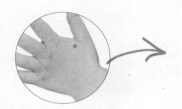 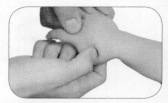

定位：合谷穴位于手背，第1、2 掌骨间，第 2 掌骨桡侧的中点。

操作：用拇指指端掐合谷穴，继而用拇指指腹揉此穴，交替掐揉1 分钟。

▶ **按揉足三里**

定位：足三里穴位于膝关节外侧凹陷下 3 寸，距胫骨外侧约一横指。

操作：用拇指指腹在足三里穴上按压，再按顺时针方向揉动，按揉 1 分钟。

▶ **清大肠**

 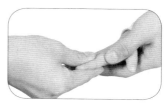

定位：大肠经位于食指桡侧缘，自指尖至虎口成一直线。

操作：用拇指指腹在食指桡侧面从指根往指尖方向推，推 200 次。

▶ **补脾经**

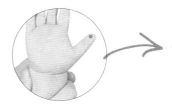 

定位：脾经位于大拇指末节螺纹面。

操作：将宝宝拇指略弯曲，循拇指桡侧面由指尖推向指根，推 300 次。

▶ **推下七节骨**

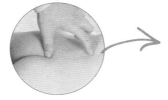 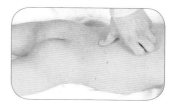

定位：七节骨位于第四腰椎至尾椎骨端，成一条直线。

操作：用拇指指腹自上向下直推七节骨，推 300 次。

小儿呕吐

呕吐可以是独立的症状，也可是原发病的伴随症状。呕吐可由消化系统疾病引起，也可见于全身各系统和器官的多种疾病。小儿呕吐可防可治，但是小儿呕吐患病期间会在一定程度上影响宝宝的身体健康，关键是找出病因，及时处理。

日常护理

1 患儿尽量卧床休息，不要经常变动体位，否则容易再次引起呕吐。发生呕吐时要让孩子坐起，把头侧向一边，以免呕吐物呛入气管。

2 呕吐后要用温开水漱口，清洁口腔，去除异味。婴儿可通过勤喂水，清洁口腔；大一点儿的孩子要每天刷牙。

3 勤喂水，少量多次，保证水分供应，以防失水过多，发生脱水。水温应冬季偏热，夏季偏凉。

4 若婴儿偶于吃奶后呕吐，可能是吞咽了空气，喂奶后可抱起婴儿轻拍背部，让空气排出后取右侧卧位，并略抬高上半身。若经常在吮奶后呕吐，但一般情况正常，可能有幽门痉挛，应在医生的指导下，让婴儿吃些解痉药。

饮食调养

暂时禁食。小儿的呕吐常见于消化功能紊乱，所以当小儿出现呕吐时，首先要暂时禁食 4~6 小时，让消化道有一个休息的时间，包括牛奶也不要喝，等待呕吐反应过去。

循序渐进地进食。呕吐后 24 小时可以为患儿正常添加饮食，若宝宝不想吃，不要强迫他，不舒服的时候吃不下难消化的食物；胃口好也不要吃得太多，尽量少食多餐。吐后应先食用流食、半流食，如大米粥或面条，逐渐过渡到普通饮食。

注意补充水分。若宝宝口渴，可以用棉花棒沾水润湿口腔。宝宝呕吐后要及时补充水分，给宝宝喝些水，呕吐停止后，每隔 30~60 分钟，都要给宝宝补充水分。

苹果柳橙稀粥

原料

水发米碎 80 克，苹果 90 克，橙汁 100 毫升

做法

1. 洗净去皮的苹果切开，去核，改切成小块。
2. 取榨汁机，选择搅拌刀座组合，放入苹果块，盖好盖，选择"榨汁"功能，打碎呈泥状。
3. 断电后取出苹果泥，待用。
4. 砂锅中注入适量清水烧开，倒入米碎，拌匀，盖上盖，烧开后用小火煮约 20 分钟。
5. 揭开盖，倒入橙汁，放入苹果泥，拌匀，用大火煮约 2 分钟，至其沸。
6. 关火后盛出煮好的稀粥即可。

扫一扫二维码
视频同步学美味

保健按摩

中医将小儿呕吐主要分为伤食型、寒型和热型三种类型，以下是适用于这三种类型的基础按摩手法，长期按摩，可以有效帮助小儿降逆止呕。

▶ **摩中脘**

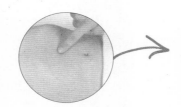 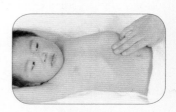

定位：中脘穴位于肚脐上 4 寸处，于胸骨体下缘到肚脐正中连线的中点。

操作：用食指、中指、无名指、小指四指指腹在宝宝的中脘穴做顺时针方向的旋转摩揉，摩5分钟。

▶ **揉天枢**

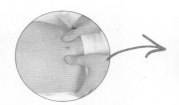 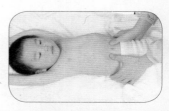

定位：天枢穴位于脐中旁开 2 寸处。

操作：将双手拇指分别点按在两侧的天枢穴上，按顺时针方向揉动，揉 200 次。

▶ **揉气海**

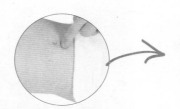 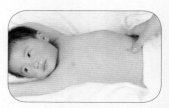

定位：气海穴位于脐下1.5 寸处。

操作：用拇指或中指指腹按压在气海穴上，然后按顺时针方向旋转揉动，先按后揉，如此交替按揉 1 分钟。

▶ **按揉足三里**

定位：足三里穴位于膝关节外侧凹陷下 3 寸，距胫骨外侧约一横指。

操作：用拇指指腹在足三里穴上用力往下按压，然后按顺时针方向旋转揉动，如此交替按揉1~3分钟。

▶ **点按丰隆**

定位：丰隆穴位于外踝尖直上 8 寸处，胫骨前缘外侧 1.5 寸处，胫腓骨之间。

操作：用拇指指腹在丰隆穴上集中用力点按，然后按顺时针方向旋转揉动，如此交替点揉1~3分钟。

▶ **按揉脾俞**

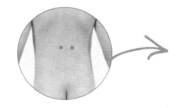 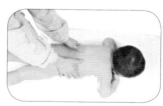

定位：脾俞穴位于第十一胸椎棘突下，旁开 1.5 寸处，左右各一穴。

操作：用双手拇指指尖分别点按在两侧的脾俞穴上，按顺时针方向按揉1分钟。

▶ **按揉胃俞**

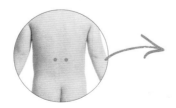 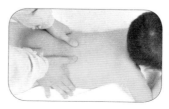

定位：胃俞穴位于第十二胸椎棘突下，旁开 1.5 寸处，左右各一穴。

操作：用双手拇指指腹在两侧胃俞穴上按压，然后做顺时针方向的旋转揉动，如此交替按揉 1 分钟。

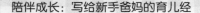
小儿变应性鼻炎

　　小儿变应性鼻炎为小儿极为常见的一种慢性鼻黏膜充血的疾病，症状与感冒相似，主要有鼻痒、打喷嚏、流清鼻涕、鼻塞等，并伴有眼睛红肿、瘙痒流泪、听力减退等症状。2~6岁是小儿变应性鼻炎的高发年龄，严重的患儿还会出现过敏性咳嗽和哮喘。

日常护理

1 经常轻轻按摩小儿鼻骨的两翼是保持小儿呼吸畅通的有效途径，可有效缓解变应性鼻炎的症状。

2 避免小儿与常见的变应原接触，平时应与花粉、宠物等保持一定的距离，花粉季节出门可给小儿戴上口罩，当不小心接触变应原后出现流鼻涕、打喷嚏等症状时应及时就医。

3 可以每天用流动的水给患儿洗脸，使患儿皮肤受到刺激，增加局部血液循环，从而保持鼻腔通气。睡觉前可为患儿洗澡、洗头，防止将细菌带上床单和枕头，引起过敏。

饮食调养

　　多吃富含维生素的食物。 很多维生素可以增强身体抵抗力，预防过敏，比如维生素 C 可有效减缓过敏现象，维生素 E 可以预防免疫功能衰退等，这些维生素可有效减轻变应性鼻炎的症状。可多吃胡萝卜、深绿色蔬菜、燕麦等富含维生素的食物。

　　忌生冷、辛辣食物。 生冷食物会降低小儿的身体免疫力，容易引起呼吸道过敏，加重变应性鼻炎症状，患儿要避免食用。吃辛辣食物是引起变应性鼻炎的病因之一，患病后食用还容易刺激呼吸道黏膜，加重病情。

　　忌易引发过敏的食物。 小儿应尽量避免食用鱼、虾、蟹等易引起过敏的食物，有些小儿对鸡蛋和牛奶也容易产生过敏，要查清哪些食物为变应原。

蒸芹菜叶

原料

芹菜叶 45 克，面粉 10 克，姜末、蒜末各少许

调料

鸡粉少许，白糖 2 克，生抽 4 毫升，陈醋 8 毫升，芝麻油适量

做法

1　将蒜末、姜末、生抽、鸡粉、芝麻油、陈醋、白糖倒入碗中，搅拌至白糖溶化，倒入味碟中，即成味汁。

2　芹菜叶装入蒸盘中，撒上面粉，拌匀，蒸锅上火烧开，放入蒸盘，

3　加盖，中火蒸约 5 分钟，至菜叶变软。

4　关火后揭盖，取出蒸盘，待芹菜稍冷后切小段装腕，食用时佐以味汁。

扫一扫二维码
视频同步学美味

保健按摩

中医将变应性鼻炎分为风寒犯肺型、肺脾气虚型和肾气亏虚型三种，以下是适用于这三种类型的基础按摩疗法，长期按摩，可以有效防治小儿变应性鼻炎。

▶ **推擦印堂**

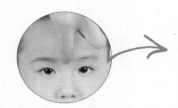 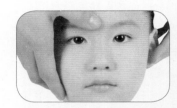

定位：印堂即眉心，位于两眉头连线的中点。

操作：用拇指指腹推擦印堂穴 1 分钟。

▶ **按揉迎香**

 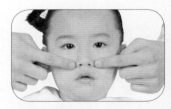

定位：迎香穴在鼻唇沟内，鼻翼外缘旁开 0.5 寸处。

操作：用食指或中指置于鼻翼两侧的迎香穴上，用力按压揉动。先按后揉，按揉 1~3 分钟。

▶ **掐揉合谷**

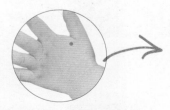 

定位：合谷穴位于手背，第1、2 掌骨间，第 2 掌骨桡侧的中点。

操作：用拇指指端掐合谷穴，继而用拇指指腹揉此穴，交替掐揉 1 分钟。

▶ **揉外劳宫**

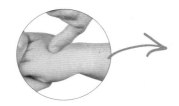 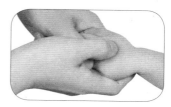

定位：外劳宫在手背中央，与内劳宫穴相对。

操作：用拇指指尖在宝宝的手背外劳宫穴按顺时针方向揉动，揉100次。

▶ **按揉曲池**

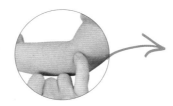 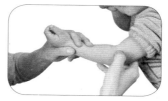

定位：屈肘，曲池穴位于桡侧肘横纹头至肱骨外上踝中点处。

操作：用拇指指端在曲池穴上按压，继而用拇指指端在此穴上按顺时针方向旋转揉动，如此交替按揉30次。

▶ **按揉风池**

 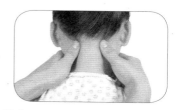

定位：风池穴位于颈后枕骨粗隆下缘胸锁乳突肌与斜方肌之间，枕骨下凹陷当中。

操作：用双手拇指指腹在两侧风池穴按压，然后在风池穴上按顺时针方向的旋转揉动，如此交替按揉30次。

▶ **按揉肺俞**

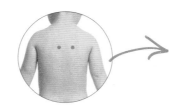 

定位：肺俞穴位于第三胸椎棘突下，旁开1.5寸处，左右各有一穴。

操作：先用双手拇指指腹在左右肺俞穴上用力往下按压，然后按顺时针旋转揉动，如此交替按揉1分钟。

小儿中耳炎

小儿中耳炎发病率高，是学龄前小儿发生耳痛的一种常见病因，其中70%~80%是由感冒引起的。小儿的咽鼓管位置呈水平状，且较宽、直、短，当小儿患上呼吸道感染时，鼻咽部的细菌或病毒容易通过咽鼓管侵入中耳，引起急性化脓性中耳炎。

日常护理

1 给小儿喂奶时，应注意采取正确的姿势，一般不宜将小儿平卧喂奶，一定要将小儿的上身稍微竖起来，避免乳汁流入耳道或使乳汁逆流入鼻咽部，经咽鼓管呛入耳内。喂奶时，还要避免过急，人工喂养的奶嘴上的孔不要太大，防止流入小儿口内的奶太快或太多，引起呛咳，从而使乳汁容易进入中耳发生感染。

2 当小儿耳朵有分泌物或者洗澡时水流入耳朵内，应及时用专用棉签进行清理或吸出水分，动作要缓慢而轻柔，避免刺伤耳内的皮肤黏膜而引起感染。

饮食调养

多吃含维生素 D 的食物。维生素 D 可以满足体内原组织及免疫系统的需求，并能减轻耳朵患病后的压力。

饮食宜清淡。患有急性中耳炎的小儿，需肝胆散热，应多吃清淡的食物，可以吃些清凉之品泻肝胆之火，多吃新鲜蔬菜和水果，补充营养，增强体质。

忌吃辛辣、刺激食物。不要吃葱、蒜、姜、花椒、羊肉、辣椒等食物，因为这些食物温热辛燥，化火伤阴，会使患者内热加重，易使中耳炎加重。

忌吃坚硬的食物。坚硬的食物难以咀嚼，会加重中耳炎的疼痛感，患儿应少吃花生、开心果等坚果。

食谱推荐

莲藕柠檬苹果汁

原料

莲藕 130 克，柠檬 80
克，苹果 120 克

调料

蜂蜜 15 克

做法

1 洗净的莲藕切成小块。

2 洗好的苹果切成瓣，去核，去皮，再切成小块。

3 洗净的柠檬去皮，把果肉切成小块。

4 砂锅中注水烧开，倒入莲藕，煮 1 分钟，捞出
备用。

5 取榨汁机，将食材倒入搅拌杯中，加入适量纯
净水。

6 盖上盖，榨取蔬果汁；揭盖，倒入蜂蜜。

7 盖上盖，再次搅拌均匀；揭开盖，将搅匀的果
蔬汁倒入杯中即可。

扫一扫二维码
视频同步学美味

保健按摩

中医认为中耳炎主要是由风热侵袭、肝胆湿热或肝肾阴虚而引起的，以下七穴配伍是治疗中耳炎的基础按摩手法，长期按摩能有效缓解中耳炎的症状。

▷ **清大肠**

 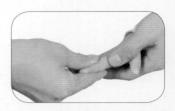

定位：大肠经位于食指桡侧缘，自指尖至虎口成一直线。

操作：用拇指指腹在食指桡侧面从指根往指尖方向推，推 200 次。

▷ **退六腑**

定位：六腑位于前臂尺侧，阴池穴至肘横纹，成一直线。

操作：用拇指指腹或食指指腹自肘向腕做直线推动，推 100~300 次。

▷ **清天河水**

定位：天河水位于前臂正中，自腕至肘，成一直线。

操作：用一手食指和中指并拢，用指腹推摩宝宝的天河水穴，操作 1~2 分钟。

▷ 清肝经

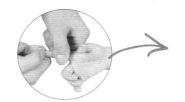 

定位：肝经位于食指末节螺纹面。

操作：用拇指指腹或侧面从宝宝的食指末节螺纹面向指根方向直推，推 100 次。

▷ 补肾经

 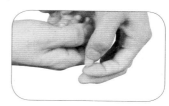

定位：肾经位于小指末节螺纹面。

操作：用拇指指腹在宝宝的小指末节螺纹面往指尖方向做直线推动，推 300 次。

▷ 揉小天心

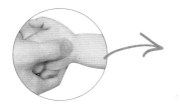 

定位：小天心穴位于掌根大、小鱼际交接处凹陷中，又叫鱼际交。

操作：用拇指或中指指腹在宝宝的小天心上按顺时针或逆时针揉动，揉 300 次。

▷ 按揉外关

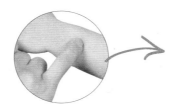 

定位：外关穴位于腕背横纹正中直上 2 寸，桡尺骨之间凹陷中。

操作：用拇指指端在此穴上按压及旋转揉动，交替按揉 1 分钟。

小儿湿疹

　　小儿湿疹是一种变态反应性皮肤病，也就是过敏性皮肤病，是 2 岁以内宝宝的常见疾病，2~3 个月的宝宝最为严重。牛奶、母乳、鸡蛋等食物，以及紫外线、人造纤维、生活环境变化等都可诱发小儿湿疹。此外，小儿湿疹也可能是一种由遗传因素引起的皮肤病，父母小时候患有此症，宝宝更容易得。

日常护理

1 很多小儿对紫外线过敏，而且患有湿疹的小儿长时间晒太阳容易引起脱皮结痂，所以父母带小儿外出时，不要让太阳直接照射有湿疹的部位，否则会加重湿疹的痒感。

2 小儿患湿疹后勿用过热的水洗澡，也不可使用香皂沐浴，可改用专为小儿设计的沐浴露，使用肥皂会刺激小儿皮肤，加重病情。

3 给小儿沐浴后，可以在出疹部位涂上小儿专用的润肤霜，患病处结痂时，可用植物油轻轻涂擦。

饮食调养

　　避免过量喂食。过量进食会导致小儿肥胖，肥胖的小儿患湿疹的可能性要大得多，还会引起消化不良，加重湿疹。

　　均衡摄入营养。患儿应补充适量维生素、无机盐、糖类、脂肪等，减少盐分摄入，可适当饮水。

　　忌吃过敏性食物。有些小儿容易对牛奶、鸡蛋等动物蛋白，以及鱼、虾、蟹等食品过敏，小儿应避免吃这些可导致过敏的食物，也不可吃辛辣、油炸等食物。母乳喂养的妈妈如果吃这些食物后，小儿湿疹会加重，就说明小儿对这些食物过敏，妈妈应避免吃这些食物。对母乳过敏的小儿，应暂停母乳喂养，改用配方奶粉喂养。

食谱推荐

薏米绿豆汤

🥦 原料

水发薏米 90 克，水发
绿豆 150 克

🥄 调料

冰糖 30 克

做法

1　砂锅中注入适量清水烧开，倒入洗净的绿豆、
　　薏米。

2　盖上盖，烧开后用小火煮 40 分钟，至食材熟透。

3　揭开盖，加入冰糖，煮至溶化。

4　继续搅拌一会儿，使味道均匀。

5　关火后盛出煮好的甜汤，装入碗中即可。

扫一扫二维码
视频同步学美味

保健按摩

中医将湿疹分为湿热型及伤食型，将以下七穴配伍，搭配按摩手法，可用于所有的湿疹类型，长期按摩，可以有效缓解小儿湿疹。

▶ **清肺经**

定位：肺经位于无名指末节螺纹面。

操作：以拇指指腹在无名指末节指纹上向指根方向直线推动200~300次。

▶ **清大肠**

 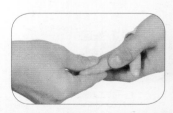

定位：大肠经位于食指桡侧缘，自指尖至虎口成一直线。

操作：用拇指指腹在食指桡侧面从指根往指尖方向推，推200次。

▶ **清小肠**

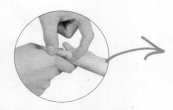 

定位：位于小指尺侧（外侧）边缘，自指尖到指根成一条直线。

操作：用拇指的侧面或指腹在小指外侧边缘往指尖方向做直线推动，推300次。

退六腑

定位：六腑位于前臂尺侧，阴池穴至肘横纹，成一直线。

操作：用拇指指腹或食指指腹自肘向腕做直线推动，推 100~300 次。

撮拿百虫

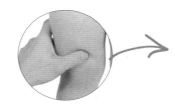 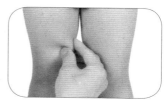

定位：位于膝上内侧髌骨内上 2 寸、肌肉丰厚处。

操作：用拇指和食、中二指指尖相对用力捏住宝宝百虫穴的肌肉，一松一紧地撮捏，撮拿 5 次。

揉曲池

定位：屈肘，曲池穴位于桡侧肘横纹头与肱骨外上踝中点处。

操作：用拇指指腹在宝宝的曲池穴上按顺时针方向旋转揉动，揉 1 分钟。

按揉足三里

定位：足三里穴位于膝关节凹陷下 3 寸，距胫骨外侧约一横指。

操作：用拇指指腹在足三里穴上按压，再按顺时针方向揉动，按揉 1 分钟。

小儿贫血

血液内含有很多不同的细胞。最多的一种是红细胞，红细胞里含有血红蛋白，它是一种可以将氧气输送到组织，并从组织运走二氧化碳的红色天然色素。贫血是一种红细胞中有效血红蛋白减少的疾病。

日常护理

1 居室环境要安静，空气要流通。由于贫血患儿抵抗力低，容易患病，如消化不良、腹泻、肺炎等，因此患儿应尽量少到公共场所和人多的地方去，并不要与其他病人接触，以避免交叉感染，加重病情。

2 在医生指导下服用铁制剂。婴儿最好在两餐之间服，以利于吸收，因为铁质对胃黏膜有刺激，服后易产生恶心呕吐。同时避免与牛奶、钙片同时服用，也不要用茶喂服，以免影响铁的吸收。铁制剂用量应遵医嘱，用量过大，会出现中毒现象。

3 严重贫血的患儿，活动后易心悸、气急，所以必须卧床休息，必要时还需辅助吸氧、输血治疗。

饮食调养

补铁。应多吃富含铁的食物，如动物的心、肝、肾、血以及牛肉、鸡蛋黄、油菜、豆制品、木耳、红枣等，并纠正偏食的习惯。

提倡母乳喂养。因母乳中含铁量比配方奶中的高，且易吸收，若条件允许，应坚持母乳喂养。

适量补充维生素C。在补充铁含量高的食物的同时，给宝宝多吃一些富含维生素C的水果，能提高铁的吸收率。猕猴桃、鲜红枣、柑橘等都是富含维生素C的水果。

适当多吃发酵食品。发酵食品中的铁比较容易吸收，因此，馒头、发糕、面包要比面条、烙饼、米饭更适合贫血宝宝吃。

猪肝鸡蛋羹

原料

猪肝 90 克，鸡蛋 2 个，
葱花 4 克

调料

盐、鸡粉各 2 克，料酒
10 毫升，芝麻油适量

做法

1 猪肝切片，备用。

2 锅中注水烧开，将猪肝片氽去血水和脏污，
捞出。

3 取空碗，倒入清水，加入盐、鸡粉、料酒，打
入鸡蛋，搅拌成蛋液。

4 取盘子，将氽好的猪肝均匀铺好，倒入搅匀的
蛋液，封上保鲜膜，蒸 10 分钟至熟。

5 揭盖，取出蒸好的猪肝鸡蛋羹，撕去保鲜膜，
淋上芝麻油，撒上葱花即可。

扫一扫二维码
视频同步学美味

保健按摩

中医将贫血分为脾胃虚弱、心脾两虚、肝肾阴虚三种类型。以下七穴配伍，是适用于所有营养性贫血类型的基础按摩疗法，长期按摩，可以有效缓解小儿贫血。

▶ 补脾经

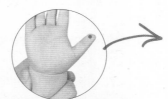 

定位：脾经位于拇指末节螺纹面。

操作：将宝宝拇指略弯曲，循拇指桡侧面由指尖推向指根，推300次。

▶ 揉板门

 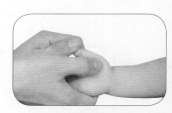

定位：板门穴位于手掌面大鱼际平面中点。

操作：用拇指指腹按揉板门穴，顺时针方向揉动，揉300次。

▶ 掐揉四横纹

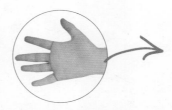 

定位：四横纹位于掌面食指、中指、无名指、小指的第一指间关节横纹处。

操作：用拇指指腹分别掐食指、中指、无名指、小指近节指间横纹，称掐四横纹；用拇指指腹分别揉动食指、中指、无名指、小指，称揉四横纹。交替掐揉100次。

▷ **揉外劳宫**

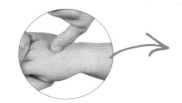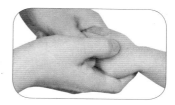

定位：外劳宫在手背中央，与内劳宫穴相对。

操作：用拇指指腹在外劳宫穴上按顺时针方向揉动，揉100次。

▷ **摩中脘**

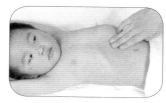

定位：中脘穴位于肚脐向上4寸处，于胸骨体下缘到肚脐正中连线的中点。

操作：用食指、中指、无名指、小指四指指腹在中脘穴上做顺时针方向的旋转摩揉，摩5分钟。

▷ **按揉足三里**

定位：足三里穴位于膝关节外侧凹陷下3寸，距胫外侧约一横指。

操作：用拇指指腹在足三里穴上按压，再按顺时针方向揉动，按揉1分钟。

▷ **按揉三阴交**

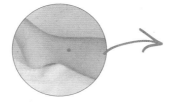

定位：三阴交在足内踝尖直上3寸处。

操作：用拇指或食指指腹在三阴交穴上按压，然后按逆时针方向旋转揉动，如此交替按揉1~3分钟。

小儿肥胖

随着人们生活水平的不断提高，膳食结构和育儿方式也在改变，胖孩子越来越多，肥胖成为了威胁小儿健康的一个重要因素。肥胖可导致循环、呼吸、消化、内分泌、免疫等多系统损害，影响小儿智商、行为、心理及性发育。

日常护理

1 小儿减肥的基本措施，第一点就是控制饮食。从量上讲，每日摄入热量要低于人体日需要量。这样才能动用体内脂肪，消耗掉热量。每消耗掉 38 千焦热量能减轻 1 千克体重。

2 增加运动量。多动就能增加热量的消耗，使多余的脂肪被调动起来，从而达到减肥的目的。建议从最容易做到的运动方式开始，如快步疾走。其他可根据个人爱好选择打球、游泳等。

3 要注意解除孩子的精神负担。有些家长对于子女的肥胖过分忧虑，到处求医，对孩子的进食习惯经常指责，干预过甚。这些都可引起孩子的精神紧张，甚至产生对抗心理，应注意避免。

饮食调养

每餐必有汤或粥。先吃些蔬菜，再喝汤，最后吃主食。要让孩子养成每餐必有粥或汤的习惯。饭前喝汤不仅可促进消化吸收，还可以起到一种铺垫的作用。

宜选用热量少、体积大的食物。热量少、体积大的食物既能满足孩子的食欲，又不致引起饥饿。可以选择绿叶菜、萝卜、豆腐、苦瓜等。

烹调口味尽量清淡。食物烹制时，尽量少加入刺激性调味品，食物宜采用蒸、煮或凉拌的方式烹调，让宝宝减少食用油的摄入量。

替换零食种类。对于已习惯吃零食的孩子，可将其常吃的巧克力、口香糖、汽水、蜜饯等高糖、高热量的零食更换成纯牛奶、酸奶、水果等低脂高纤维类食品。

食谱推荐

苦瓜豆腐汤

🍲 原料

苦瓜 150 克，豆腐 200 克，枸杞少许

🍶 调料

盐 3 克，鸡粉 2 克，食用油适量

做法

1 将洗净的苦瓜去籽，切成片；豆腐切成小方块。

2 锅中注水烧开，加少许盐，放入切好的豆腐，焯约 1 分钟，捞出。

3 用油起锅，倒入苦瓜，翻炒匀，注入适量清水，烧开后用中火煮约 3 分钟，至苦瓜熟软。

4 倒入焯好的豆腐块，加入适量盐、鸡粉，搅匀调味。

5 放入洗净的枸杞，拌匀，续煮约 2 分钟，至食材熟透，盛出装碗即可。

扫一扫二维码
视频同步学美味

保健按摩

中医认为宝宝脾胃的运化功能失常，痰湿积聚于体内就会导致肥胖。以下七穴配伍，能调节脾胃的运化功能，化痰逐水，长期按摩，可以有效帮助小儿消脂减肥。

▷ **摩中脘**

 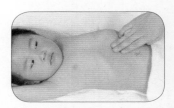

定位：中脘穴位于肚脐向上4寸处，于胸骨体下缘到肚脐正中连线的中点。

操作：用食指、中指、无名指、小指四指指腹在宝宝的中脘穴做顺时针方向的旋转摩揉，摩5分钟。

▷ **揉天枢**

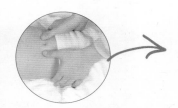 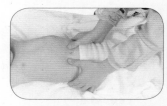

定位：天枢穴位于脐中旁开2寸处。

操作：用双手拇指指腹分别点按在两侧的天枢穴上，按顺时针方向揉动，揉200次。

▷ **揉气海**

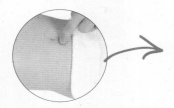 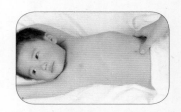

定位：气海穴位于脐下直下1.5寸处。

操作：用拇指或中指指腹按压在气海穴上，然后按顺时针方向旋转揉动，先按后揉，如此交替按揉1分钟。

▷ **按揉足三里**

定位：足三里穴位于膝关节外侧凹陷下 3 寸，距胫骨外侧约一横指。

操作：用拇指指腹在足三里穴上用力往下按压，然后按顺时针方向旋转揉动，如此交替按揉 1~3 分钟。

▷ **点按丰隆**

定位：丰隆穴位于外踝尖直上 8 寸处，胫骨前缘外侧 1.5 寸处，胫腓骨之间。

操作：用拇指指腹在丰隆穴上集中用力点按，然后按顺时针方向旋转揉动，如此交替点揉 1~3 分钟。

▷ **拿合谷**

定位：合谷穴位于虎口，第 1、2 掌骨间凹陷中。

操作：用拇指与食指指腹相对或拇指与其余四指指腹相对捏住合谷穴，逐渐用力内收，并持续实施揉捏，反复操作 10~15 次。

▷ **按揉脾俞**

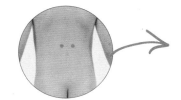 

定位：脾俞穴位于第十一胸椎棘突下，旁开 1.5 寸处，左右各有一穴。

操作：用双手拇指指尖分别放在两侧的脾俞穴上，按顺时针方向按揉 1 分钟。

积极育儿，做宝宝优秀的启蒙教师.

聪明早教篇

陪宝宝玩出智慧，
成就出色未来

　　人脑的重量与智力发展成正比，但是人的智力发育却呈递减法则。科学研究表明，3岁以前人脑的发育速度最快。所以，父母应抓住0~3岁这一黄金时间段做早教，为宝宝奠定智力发展的基础。

新生儿早教

新妈妈和新爸爸要从宝宝0岁起步，关注其健康成长和潜能开发，让宝宝赢在起跑线上。从新生儿时期给宝宝做早教，其智力、性格、心灵等都能得到很好的锻炼和培养。

跟宝宝玩早教游戏

早教游戏形式多样、趣味性浓，有助于刺激宝宝的脑细胞，促进其智力发育和健康成长。下面推荐几个适合和宝宝玩的早教游戏，新手爸妈平时可以带宝宝一起玩。

一起跳舞

将孩子平放在柔软的地板上，爸爸或者妈妈轻轻地抬起孩子的手臂和双腿，然后慢慢放下，重复5~10次。能锻炼宝宝的全身肌肉，为孩子以后学习站立和走路做好准备。

挠痒痒

将孩子平放在柔软的地板上，用手轻轻挠宝宝的肚子，同时告诉宝宝："这里是肚子哦！"或者轻轻地亲他的小脸蛋，对宝宝说："脸在哪里呢？"通过与孩子的亲密接触，增进亲子感情，促进身体发育。

抓握游戏

用柔和的发声玩具逗引宝宝抓握，例如音乐旋转玩具、八音盒等，该游戏既能锻炼宝宝的手部力量，又可使宝宝在关注玩具的同时，听到美妙的音乐，以复习胎教音乐，巩固音乐记忆。

多跟宝宝进行情感交流

在现实生活中，快节奏的生活和工作上的压力往往让爸妈忽视了和宝宝进行情感交流，只注重满足孩子的物质需要，忽视了情感需求，这种爱是片面的。

其实，宝宝从出生后便具有了交流的能力，随着宝宝的长大，如果长期缺乏亲热的情感和父母的关怀，很容易对他的健康心理造成消极影响，导致宝宝内向、缺乏安全感，甚至产生自闭症。因此，父母应尽量挤时间与宝宝进行情感交流。

爱的抚触

　　新生儿的睡眠时间较长，为了让宝宝更舒服、更健康，让宝宝时时能感受到妈妈的爱，妈妈应在宝宝清醒时为宝宝做抚触。抚触前，可把宝宝置于一张铺有垫褥的木板床上，尽可能少穿衣服，并用温和的声音和他说话，使宝宝心情愉快。此抚触方法适用于 0~3 个月的宝宝。

腿部抚触

　　滑捏：宝宝仰卧，妈妈用一只手握住宝宝脚后跟，另一只手从宝宝的臀部向脚踝方向滑动，轻轻捏压。

　　揉捏肌肉：妈妈搓热双手，用手掌贴在宝宝的下肢部位，用手指轻轻揉捏宝宝的大腿肌肉。

　　拇指推按：用一只手轻握住宝宝脚踝，用另一只手的拇指指腹推按宝宝的脚掌。

背部抚触

　　滑推：双手交替，轻轻滑推宝宝背部。

　　脊椎旋推：一只手扶住宝宝身体，手指合起，轻轻旋转推按宝宝的脊椎两侧。

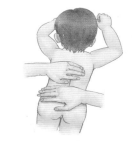

手臂抚触

　　揉捏手臂：妈妈轻捏宝宝的手臂，从上臂开始直到手腕，上下来回轻捏按揉。反复进行 3~4 次。

　　旋转手臂：一手握住宝宝的手掌，另一手由宝宝的肩膀到手掌的方向，轻轻旋转宝宝的手臂。

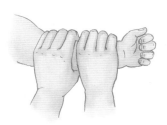

胸部抚触

推按：手指并拢，利用掌心温度轻轻按揉宝宝的胸部。

胸部画心：双手掌放在宝宝胸部，大概在两乳头连线中点处，然后分别从里向外做画圆的滑动，就像画出个心形一样。

腹部抚触

腹部画圆：妈妈手指并拢，掌心放平，以顺时针方向画圆来按摩宝宝的腹部。注意按摩时不能离宝宝肚脐太近。

指腹推滑：用指尖部分，在宝宝腹部由左向右轻轻滑动。

头部抚触

眉毛上方滑推：从宝宝的眉毛上方，由眉心往眉尾方向轻轻滑推。

脸颊画圈：在宝宝的脸颊两边，轻轻画圈。刚开始先画小圈，再逐渐扩大为大圈。

人中点按：由人中向脸颊两侧轻轻点按，或由脸颊往人中方向轻轻点按。

温馨提示

喂完奶水后的 1 小时内不宜进行抚触。为避免宝宝吐奶，最好选在两餐之间，如早上 11 点和下午 4 点各喂一次奶，那么就可以在下午 2~3 点给宝宝按摩。此外，宝宝洗澡后也很适合进行按摩。

1~3个月宝宝早教

1~3个月的宝宝是感性和好奇心萌芽的时期，这时开始早教，可有效刺激宝宝视觉、听觉等成长发育，让宝宝更聪明。

用玩具刺激宝宝视觉发育

家长可在婴儿床或摇篮上悬挂可移动的气球或玩具，颜色要鲜艳，宝宝这时对鲜艳的色彩已有较强的捕捉能力了，清醒时就会注意这些东西。家长可以不时移动玩具，以引起宝宝的注意和兴趣，可以训练宝宝的视觉感知能力。悬挂的玩具不要长时间固定在一个位置，以免使宝宝眼睛发生斜视或对视。

给宝宝听各种声音

不少宝宝还在妈妈肚子里时，就已经受到音乐的熏陶，这个阶段家长也应该给宝宝听不同类型的音乐作品和其他的声音，尤其是到了3个月大时。放音乐时可以观察宝宝喜欢什么类型的，然后多放给他听。宝宝在睡觉或喝奶时，可根据情况放不同的音乐给他听。平时听到轻快的音乐时，可以轻轻摇晃宝宝，增加他的感受力。还可以经常放动物或水流等大自然的声音给宝宝听，以刺激宝宝的大脑发育，启发音感。

多跟宝宝说话

这个阶段的宝宝已经可以发出一些"呃、啊"的声音来回应家人，此时，家长应该多面对宝宝说话，说话时声音要柔和，让宝宝感到亲切和有安全感，可以诱发宝宝良好的情绪，并有利于宝宝情感的发展。家长每天也可以隔20~30厘米注视宝宝的眼睛1分钟，可对他微笑或说话，这样可以促进宝宝大脑神经细胞的形成。

体格锻炼

　　1~3个月的宝宝，四肢和头颈开始变得有力气，而且对外界的适应能力逐渐加强，可以进行适当的锻炼和智力开发了。

竖头练习

　　在宝宝清醒的状态下，将其立着抱起来，两手分别支撑宝宝的枕后、颈部、腰部和臀部，或者用一只手托住宝宝的胸部，另一只手托住宝宝的臀部，让宝宝面朝前。

俯卧练习

　　喂奶前或喂奶1小时后，可让宝宝俯卧，爸爸妈妈可用温柔的声音对宝宝说话，或者用鲜艳、有响声的玩具逗引他将头抬起来，随着宝宝长大，胸部可能支撑起来，这样可以锻炼宝宝颈部、背部肌肉，增加肺活量，对呼吸和血循环以及大脑发育十分有益。

抓握练习

　　爸爸妈妈可以将颜色鲜艳或有响声的玩具放在宝宝手中让他握住，当宝宝的手松开后，再用玩具的颜色和声音引起宝宝的注意，并吸引宝宝去抓握玩具，每天可练习多次，可以提高宝宝手部力量以及感知和认知能力。

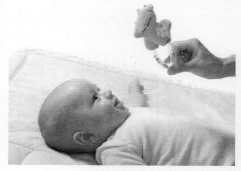

手足练习

　　平时不要束缚宝宝的手脚，让其自由活动。宝宝进行手足练习有利于促进各项神经功能的发育，还能刺激大脑。经常进行此项练习还会使宝宝活动的灵活性更好，动作协调性也会越来越好。

直立蹬脚练习

　　爸爸妈妈可将宝宝抱起，放在自己的腿上，上半身要固定，注意安全，让宝宝的小腿自然绷直，然后可以用手帮助宝宝上下自然地蹬脚蹬腿。这样的练习可以锻炼宝宝的腿脚肌肉。

4~6个月宝宝早教

宝宝越来越聪明了，早教的内容也可以适当增加，为了促进宝宝的智力发育，爸爸妈妈不可放松，平时应该多训练宝宝。

让宝宝双手抓玩具

宝宝玩玩具的时候，家长可以放两个玩具在宝宝身边，让宝宝的双手都去抓握玩具，或者让宝宝把玩具从一只手转移到另一只手，如果宝宝力气不够，家长可以适当提供帮助。这样可以锻炼宝宝分配力量的能力。

教宝宝寻找玩具

爸爸妈妈可以在宝宝清醒的时候当着他的面，将他平时喜欢的玩具的一部分或全部藏起来。然后用温柔的声音跟宝宝说玩具不见了，让他去找，有些宝宝可以自己找到玩具，有些需要爸爸妈妈的引导。可重复做几次这个游戏，但要控制游戏的时间，不可让宝宝感到疲劳。这种方法可以训练宝宝的记忆和思维能力。

将宝宝高高抱起

爸爸的力气比较大，平时可以托住宝宝的腋下将其高高地抱起，在这个过程中，宝宝会看到不同高度的不同物体，可以通过所看到的东西形状的变化，培养宝宝从不同角度观察事物，训练宝宝的综合思维能力。

和宝宝一起玩撕纸游戏

爸爸妈妈可以准备一些包装纸、卫生纸等，在宝宝的注视下将这些纸撕碎或揉成团，并在旁边对宝宝说话，让宝宝也跟着学，或者是抓住宝宝的手教他怎样撕。这种练习需要宝宝的手部和手指做出多种动作，多次练习可培养宝宝今后的动手能力。

体格锻炼

4~6 个月的宝宝体能已有了很大的提升，智力的发育也使宝宝能更好地按照爸爸妈妈的指示进行体能锻炼，使身体更加灵活。

爬行练习

宝宝虽然还没有学会爬，但是爸爸妈妈可以引导他做一些爬行练习。当宝宝俯卧在床上时，家长可以用玩具吸引他爬过去抓取。当宝宝跃跃欲试时，家长可以用手掌或脚掌抵住宝宝的脚掌，帮助宝宝蹬脚爬向玩具。每天多次练习可以锻炼宝宝的肌肉，对智力和体力都有很好的作用。

训练宝宝的独坐能力

爸爸妈妈可让能独立坐稳的宝宝在安全的环境中自由玩耍，并在宝宝的前面放置玩具，让宝宝在玩玩具的过程中逐渐延长坐立的时间，以训练坐姿。还可在宝宝的左右放置玩具，让宝宝在左右转动上身，左看右看，锻炼视力和上身的灵活性。这种训练需要多加练习才会有效果。

训练宝宝的平衡感

本阶段宝宝的脖子稳固后可以进行适当的平衡游戏。爸爸妈妈可让宝宝平躺，然后扶住宝宝的手肘和肩膀，将宝宝慢慢扶起来，在这个过程中宝宝的身体会有悬空感，可以训练宝宝的平衡能力。

训练宝宝的身体灵活性

爸爸妈妈平时可以用彩色纸罩住手电筒，当彩色光在地上或墙上不停地移动时，爸爸或妈妈可以抱着宝宝追逐，边走边告诉宝宝这种活动是多么有趣。重复多次后，爸爸或妈妈抱着宝宝不动，宝宝会自己伸手去抓彩色光，这样可以锻炼宝宝的身体平衡能力和手眼协调能力，让身体更灵活。移动光源时，速度不要过快，以免宝宝反应不过来。平时也可以用可移动的玩具来进行训练，但也要注意安全。

7~9 个月宝宝早教

本阶段的早教可以根据宝宝的视觉和语言发育等情况来制订计划，
在宝宝的好奇心强烈的时候，可以让其接触新鲜事物，促进大脑的发育。

看画册训练记忆力

爸爸妈妈可以选择一些色彩单一、鲜艳的画册，跟宝宝一起翻看。翻看的过程中，爸爸妈妈可以用简短的语言描述作品的内容，并且根据引导吸引宝宝的注意力，让宝宝想往下继续翻阅，刺激宝宝的好奇心。

唱儿歌给宝宝听

妈妈可以经常抱着宝宝或坐在宝宝旁边唱儿歌给他听，每次都可以唱不同的歌谣，当察觉宝宝的喜好后，可多唱宝宝喜欢的歌谣。宝宝听的时间长了之后，会在不知不觉中模仿歌谣中的尾音，这样可以练习宝宝的发音能力和提高宝宝的语言能力。

玩捉迷藏游戏

爸爸妈妈平时可以跟宝宝玩捉迷藏的小游戏。爸爸妈妈可以将自己的脸遮住或用毛巾将宝宝的头盖住，时间不宜过长，然后问宝宝爸爸或妈妈去哪了。这样的训练可培养宝宝对语言的理解能力。

教宝宝击鼓

爸爸妈妈可以先给宝宝准备可以敲打的东西，如小鼓、奶粉罐等，还有敲打工具，但这些工具一定不能对宝宝的安全构成威胁。再让宝宝靠着爸爸或妈妈坐，当宝宝伸出手触摸这些工具时，爸爸或妈妈可以给宝宝做一个击鼓的示范动作，然后让宝宝自己尝试击鼓。这样的训练可以让宝宝辨别不同的声音，并熟悉声音的节奏感。

体格锻炼

7~9 个月宝宝的身体发育程度使宝宝可以做更大幅度的动作了，爸爸妈妈应该利用这个锻炼的好时机，为宝宝的身体素质打好基础。

手指精细动作练习

爸爸妈妈可以经常锻炼宝宝的动手能力，可以准备一些不同形状、大小、硬度的小型玩具，让宝宝做拾物练习，锻炼宝宝用大拇指和食指捏取小的物品。这种动作是宝宝两手精细动作的开端，宝宝捏起的东西越小，捏得越准确，动手能力就越强，这些动作要让宝宝反复不断地练习。平时还可以让宝宝做套环游戏，也可以练习宝宝的精细动作。开展精细动作的时间越早，对宝宝大脑的发育越有利。这个阶段的宝宝喜欢把东西塞进嘴里，因此在动作训练的过程中，必须有人在旁看护。

训练宝宝的脊椎

宝宝此时已经坐得很稳了，而且能对妈妈的声音做出回应。当宝宝坐着玩耍时，妈妈可以在宝宝背后呼唤他的名字，宝宝会根据声音的方向扭转头和上身，训练宝宝最大限度地扭转身体。妈妈还可在宝宝的左右两边呼唤宝宝的名字，让宝宝左右扭动。这样可以锻炼宝宝的反应能力和脊椎的运动能力。

训练宝宝从坐到站

宝宝坐着时还不能独立站起来，但妈妈可以培养宝宝的这种能力，并在一定程度上帮助宝宝或让宝宝借助物体站起来，平时应尽量让宝宝借助物体站起来，以锻炼他的独立性。当宝宝握住妈妈的手或者圆环等物体来完成这一动作时，可以锻炼宝宝的体位交换能力，还能锻炼宝宝手的握力。妈妈在帮助宝宝时，不可用力过大，否则容易导致宝宝关节脱位。

10~12个月宝宝早教

本阶段宝宝的记忆力和理解力都有很大的发展，好奇心还在增强，对房间里的东西都喜欢摸一摸、动一动，家长可利用此机会发掘宝宝更多的潜能。

教宝宝画画

这个阶段宝宝的模仿能力很强，爸爸妈妈可以培养宝宝对绘画的兴趣和能力，提高艺术素养。刚开始时，爸爸妈妈可以给宝宝买色彩鲜艳的蜡笔或水彩笔，教其握笔的姿势，然后让其在纸上随意涂画。训练一段时间后，爸爸或妈妈可以先在纸上画出一个简单的图形，再教宝宝有节奏地挥笔照着画。绘画可以培养宝宝对色彩的概念和想象力，还能激发宝宝的兴趣和陶冶情操。

玩拼图游戏

爸爸妈妈可以选择一张拼贴起来的图片，图片的形象要清晰、图案要单一、颜色要鲜艳。将图片分成形状不一的四部分贴在硬纸板上，然后让宝宝将四部分拼成一张完整的图片。爸爸妈妈可以准备两张一样的图片跟宝宝比赛，看谁拼得快，增加宝宝的兴趣。这种训练可以培养宝宝的形象思维能力，促进大脑的发育。爸爸妈妈还可以让宝宝玩拼装玩具的游戏，可以很好地提高宝宝的想象力。

读数字给宝宝听

爸爸妈妈在家或带宝宝外出时，看到数字可以读给宝宝听，培养宝宝对数字的敏感度。当带着宝宝看到道路旁的标识牌或广告牌上的数字时，都可大声地读出来，还可以将路旁树木的数目和上楼梯的台阶数出来。在家时，爸爸妈妈可以让宝宝将手伸出来，并根据张开的手指念数字。虽然宝宝听不懂数字，但可以训练宝宝对数字的概念，促进思维能力的发展，将看、做、想有机结合起来，训练宝宝的综合能力。

体格锻炼

此时的宝宝爬、站立等技能已经很熟练了，手脚的灵活性更强了，爸爸妈妈在这个阶段应该训练宝宝走路和手部的力量。

训练向前走的能力

爸爸妈妈平时可让宝宝在自己的大腿上蹦跳，锻炼宝宝的小腿肌肉，让宝宝在学走路的训练中更有力量。这个阶段宝宝可能会扶着着床、沙发等走几步，但还是会恐惧。爸爸妈妈在宝宝扶着物体向前走时，可以面带微笑，以亲切的目光在宝宝前面不远处伸出手做出要抱宝宝的姿势，鼓励宝宝多向前走几步。在训练过程中，不可给宝宝穿太多衣服，以免造成宝宝行动不便。

跟宝宝做蹲起运动

从蹲下到站立的动作对于这个阶段的宝宝有一些难度，不能独立完成，爸爸妈妈可提供一些帮助。宝宝蹲下后，爸爸妈妈可以用手拉一下他，但力气不可过大；也可以在宝宝旁边准备一个稳固的物体，让宝宝扶着站立起来。宝宝站立起来后，爸爸妈妈应夸赞宝宝，在宝宝感到高兴时鼓励他继续锻炼。这种锻炼可以训练宝宝动作的协调性，使宝宝四肢变得有力，并加强宝宝的平衡感。

伸展宝宝的手指

妈妈给宝宝洗干净小手、剪好手指甲后，可将宝宝的手指打开，练习伸、屈的动作。妈妈还应经常刺激宝宝的手部皮肤，将宝宝的手交替放入温度适宜的冷、热水中，并让宝宝多抓握一些大小、材质不同的玩具，练习宝宝手指的灵活性和柔韧性，提高宝宝手指的协调能力。妈妈还可以在箱子或盒子里放些玩具，让宝宝去将玩具取出来给妈妈，这样不仅可以锻炼宝宝的手指，还能训练宝宝的记忆力。

1~2岁宝宝早教

这个阶段的宝宝进入了积极的语言活动发展阶段，父母应该多鼓励宝宝表达沟通。同时，因为活动能力的增强和探索范围的增大，此时的父母应鼓励宝宝进行探索，让宝宝在接触中了解、认识和提高。

多教孩子认识事物

宝宝会对陌生的事物产生浓厚的兴趣，并表现出强烈的探索欲望，此时，爸爸妈妈应该积极地培养宝宝事物的认知能力和注意力。如果宝宝对周围的事物产生兴趣，就会期望接触这些事物，而这些事物的特征会转化成信息储存在大脑里。在日常生活中，应该让宝宝多看周围与宝宝的生活有密切关系的事物，并且经常讲不同事物的名字给宝宝听，利用拟声词或形容词给宝宝留下更深刻的印象。

小猫捉老鼠

在这个游戏中，爸爸妈妈先准备好彩色绳子并用布或硬纸做几只老鼠。给宝宝戴上小猫头饰，扮成小猫。游戏开始时，爸爸妈妈用彩色绳子拴住老鼠，然后拖着它们在场地内四处跑，宝宝去捉老鼠，用脚踩到则为逮住了老鼠。在游戏的过程中，爸爸妈妈要不断地鼓励宝宝，让宝宝有信心继续游戏，但是游戏时间不宜太长，以免使宝宝太累。这个游戏主要发展的是宝宝的追跑动作，让宝宝在不知不觉中提升体能。

采蘑菇的小宝宝

采蘑菇可以训练宝宝走和蹲的动作，从而提升宝宝的肢体协调能力，促进宝宝大运动发展。爸爸妈妈给宝宝准备一个小提篮、一只玩具兔子、一些彩色硬纸剪成的小蘑菇。然后将蘑菇散落在地面上，取出玩具小兔，对宝宝说："小兔子饿了，宝宝可以采点儿小蘑菇给兔子吃吗？"然后让宝宝提着小篮子拾蘑菇，再走回爸爸妈妈身边。爸爸妈妈可以和宝宝一起拾蘑菇，以增加宝宝的兴趣。

2~3岁宝宝早教

2~3岁的孩子，已经有了初步的交往意识，乐于服从家长或者年龄较大的孩子的安排，也喜欢进行角色扮演，这样不仅能锻炼宝宝的生活能力，还能教会宝宝与其他小朋友和平共处，提高孩子的情商。

让宝宝多交朋友

宝宝的自我意识逐渐形成，因此说"不"的次数明显增加，表现欲望日趋强烈，同时，宝宝的性格日渐活泼。此时爸爸妈妈要多带宝宝外出，认识更多的小伙伴，让宝宝学会介绍自己，积极地跟别的小朋友交往。爸爸妈妈还可以邀请小伙伴来家里玩耍，鼓励宝宝取糖果、水果招待小伙伴，把玩具分给来家里的小朋友玩等。

做遵守交通规则的好宝宝

让宝宝了解基本的交通规则，如红灯停、绿灯行，并学会按信号做动作，提高宝宝的社交技能和认知技能。爸爸妈妈可以帮宝宝自制红绿灯、警察帽、长纸条，再配上一辆玩具汽车。

爸爸妈妈和宝宝一起布置场地，用纸条隔出车道、人行道、斑马线。然后让爸爸扮演交通警察，一手拿红灯，一手拿绿灯；妈妈扮行人；宝宝开玩具车当司机。红灯时停车，绿灯时行驶，"行人"和"车辆"如违反交通规则要纠正。到达终点后宝宝可以跟爸爸妈妈互换角色。

通过"找不同"刺激大脑

美国一项研究表明，每天玩2小时游戏的宝宝大脑发育比较快，而且智商也比较高。多与宝宝玩游戏，在游戏中刺激大脑，促进大脑发育。宝宝可以玩识别大小的游戏，选择大小差别显著的同类物品来练习，如大苹果与小苹果、大皮球与小皮球等。当然，也可以玩识别形状的游戏，教小儿识别简单的几何形状，如圆形、三角形、正方形等，可用实物形状来描述，如圆皮球、三角板、方积木等。